余松科 唐

U0600179

辐射生物效应评估中微剂量探测器研究

Research on Microdosimetry Detectors in the Radiation Biological Effects Assessments

DOCTORAL

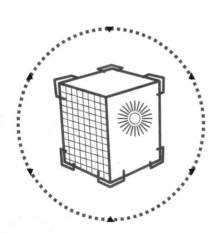

电子科技大学出版社

University of Electronic Science and Technology of China Press

· 成都 ·

图书在版编目(CIP)数据

辐射生物效应评估中微剂量探测器研究 / 余松科，唐琳，方方著. -- 成都：成都电子科大出版社，2025.6. -- ISBN 978-7-5770-1561-3

Ⅰ. TL81

中国国家版本馆 CIP 数据核字第 202534HX13 号

辐射生物效应评估中微剂量探测器研究
FUSHE SHENGWU XIAOYING PINGGU ZHONG WEIJILIANG TANCEQI YANJIU

余松科 唐 琳 方 方 著

出 品 人 田 江
策划统筹 杜 倩
策划编辑 李述娜
责任编辑 龙 敏
责任设计 李 倩 龙 敏
责任校对 陈姝芳
责任印制 梁 硕

出版发行 电子科技大学出版社
　　　　 成都市一环路东一段159号电子信息产业大厦九楼　邮编 610051
主　 页 www.uestcp.com.cn
服务电话 028-83203399
邮购电话 028-83201495

印　 刷 成都久之印刷有限公司
成品尺寸 170 mm×240 mm
印　 张 10.75
字　 数 200千字
版　 次 2025年6月第1版
印　 次 2025年6月第1次印刷
书　 号 ISBN 978-7-5770-1561-3
定　 价 68.00元

序

FOREWORD

当前，我们正置身于一个前所未有的变革时代，新一轮科技革命和产业变革深入发展，科技的迅猛发展如同破晓的曙光，照亮了人类前行的道路。科技创新已经成为国际战略博弈的主要战场。习近平总书记深刻指出："加快实现高水平科技自立自强，是推动高质量发展的必由之路。"这一重要论断，不仅为我国科技事业发展指明了方向，也激励着每一位科技工作者勇攀高峰、不断前行。

博士研究生教育是国民教育的最高层次，在人才培养和科学研究中发挥着举足轻重的作用，是国家科技创新体系的重要支撑。博士研究生是学科建设和发展的生力军，他们通过深入研究和探索，不断推动学科理论和技术进步。博士论文则是博士学术水平的重要标志性成果，反映了博士研究生的培养水平，具有显著的创新性和前沿性。

由电子科技大学出版社推出的"博士论丛"图书，汇集多学科精英之作，其中《基于时间反演电磁成像的无源互调源定位方法研究》等28篇佳作荣获中国电子学会、中国光学工程学会、中国仪器仪表学会等国家级学会以及电子科技大学的优秀博士论文的殊誉。这些著作理论创新与实践突破并重，微观探秘与宏观解析交织，不仅拓宽了认知边界，也为相关科学技术难题提供了新解。"博士论丛"的出版必将促进优秀学术成果的传播与交流，为创新型人才的培养提供支撑，进一步推动博士教育迈向新高。

青年是国家的未来和民族的希望，青年科技工作者是科技创新的生力军和中坚力量。我也是从一名青年科技工作者成长起来的，希望"博士论丛"的青年学者们再接再厉。我愿此论丛成为青年学者心中之光，照亮科研之路，激励后辈勇攀高峰，为加快建成科技强国贡献力量！

中国工程院院士

2024 年 12 月

前 言

PREFACE

辐射生物效应评估是放射医学、辐射防护及辐射事故处置等领域的核心科学问题。微剂量学作为连接辐射物理与辐射生物损伤的桥梁,其核心任务是准确表征电离辐射在生物组织微观尺度上的能量沉积特性。在这一理论框架下,微剂量探测器的发展始终是开展辐射生物效应评估的关键。当前,广泛应用的微剂量探测器主要有气体型组织等效正比计数器(TEPC)与固体型(硅基和金刚石基)微剂量探测器几类,它们在测量原理与技术特性上呈现出显著的互补性,但在理论模型与测量方法上仍存在亟待解决的科学问题。

TEPC 自问世以来,借助其填充气体的组织等效性和气体的正比放大,在外太空辐射场测量及临床放射生物学研究中逐渐成为基准探测器。研究表明,得益于 TEPC 的正比放大效应,该微剂量探测器能够胜任沿布拉格曲线上任意位置的沉积能量测量。然而,现有正比放大模型对粒子输运与倍增机制、空间电荷效应等物理过程的处理相对简化,严重制约了模型在 TEPC 正比放大机制描述上的准确性。另外,以硅基和金刚石基为代表的固体微剂量探测器,凭借其灵敏体积可制成细胞大小的独特优势,近年来在辐射生物效应评估中受到广泛关注。但受限于探测器介质与生物组织材料特性的差异,如何对探测器中测量结果进行组织等效换算成为其在辐射生物效应评估中的关键问题。

本书聚焦微剂量探测器的两大关键科学问题——TEPC 正比放大机制的模型构建与固体微剂量探测器的组织等效换算方法改进,尝试运用相关科学理论及方法进行分析解决,以提升微剂量探测器在辐射生物效应评估中的应用效果。在TEPC正比放大机制上，通过构建包含空间电荷效应的动态输运方程，系统揭示了气体倍增过程中电场畸变对放大因子的非线性调制规律，并结合相关理论完成了正比放大模型的完善，提高了模型的准确性。在固体探测器等效换算上，提出了一种实用性更好的同等大小微剂量探测器与生物组织等效换算的方案，并给出了一种基于谱图分布特性的半经验方法。研究表明，该方法在金刚石探测器的组织等效换算中具有一定的适用性。

全书共六章。第一章是绪论，主要综述了微剂量探测器的发展历程及应用现状，并在此基础上介绍了本书的主要内容及创新点。第二章是微剂量探测器理论基础，主要介绍了微剂量探测器开发及应用所涉及的理论基础。第三章是组织等效正比计数器，深入探讨和分析了组织等效正比计数器的特性及正比放大模型的推导。第四章是固体微剂量探测器，重点介绍了固体微剂量探测器的工作特性。第五章是组织等效换算研究，主要讨论了固体微剂量探测器组织等效换算方法的推导及验证过程。第六章是微剂量探测器正比放大研究，探讨了固体微剂量探测器中实现信号正比放大的可行性。

为了避免因翻译引起信息失真，同时考虑受众的阅读习惯，本书中部分内容保留了引用文献中的英文表达。

本书的完成离不开指导本研究工作的专家学者以及电子科技大学出版社的编辑团队，在此致以诚挚谢意。鉴于微剂量学领域的快速发展与笔者的认知局限，书中难免有不足，恳请读者批评指正。

余松科

2025年4月

目录
CONTENTS

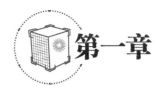

第一章

绪 论

1.1 研究背景

放射性粒子或射线穿过生物组织时，会与组织原子的原子核或轨道电子发生库仑相互作用，损失部分动能并在粒子径迹上沉积能量，造成生物分子电离或激发，破坏分子的化学结构，最终导致细胞失活或病变，严重者甚至造成细胞死亡。开展辐射生物效应评估有助于了解不同辐射造成生物组织损伤的工作机理，这在辐射防护、放射治疗以及外太空探索等领域中都具有十分重要的意义。研究表明，不同类型电离辐射造成特定程度生物损伤所需能量的差异可能达到100多倍，这取决于辐射能量在微观尺度上的沉积分布[1]。因此，开展微观体积内的辐射能量沉积分布研究不仅有助于解释不同类型电离辐射的生物学效应，而且有助于了解电离辐射与生物组织的相互作用机理。

电离辐射与生物组织相互作用过程中的能量转移和沉积是一个随机过程，且微观体积中能量沉积的随机性比宏观体积更为显著，因而宏观剂量学在表征微观体积内的能量沉积方面存在一定的局限性。因此，本书研究建立了用于表征微观体积中沉积能量时空分布特性的微剂量学。由于直接测量微观体积内的能量沉积并不可行，因此常采用微观体积的等效模型来探测微观体积内的能量分布[2]。将等效模型在不同辐射环境下测得的能量分布，按一定的物理原理进行组织等效换算，可得出该环境下生物组织中辐射沉积能量的分布情况。微剂量探测器正是为达到这一目的而产生的。

目前，常用的微剂量探测器主要有组织等效正比计数器（tissue equivalent proportional counter，TEPC）、硅微剂量探测器和金刚石微剂量探测器三种。组织等效正比计数器发展最早，技术相对成熟，因其填充气体是组织等效的，可以直接模拟生物组织在辐射场中的沉积能量响应，已被作为外太空辐射生物效应评估的标准探测器[3]。组织等效正比计数器最突出的优点是能在适当参数配置下为不同位置发生的电离提供相同的正比放大，这在微剂量测量中有着重要的意义。研究显示，得益于辐射信号的正比放大，组织等效正比计数器能够胜任沿布拉格曲线上任一位置的沉积能量探测。而固体微剂量探测器（如硅微剂量探测器、金刚石微剂量探测器）因无法为信号提供正比放大，其线能探测下限约为 0.6 keV/μm，故探测范围仅能涵盖布拉格峰[4]。关于计数器的正比放大机制，学者们开展了相关研究并提出了许多计算模型，但这些模型均有一定的局限性且适用范围较为有限[5-8]。

尽管组织等效正比计数器的优点较为突出，但存在结构复杂、工作电压大、空间分辨率差、壁效应明显等缺点，因此，基于硅半导体的固体微剂量探测器逐渐引起人们的关注。固体微剂量探测器的优势在于可以将灵敏体积制成微米大小，以准确表征微观尺度上辐射与物质的相互作用，且便携性好、功耗低、噪声小，能评估暴露在复杂辐射场中或外太空环境中单个事件的辐射效应[4]；但硅半导体的组织等效性较差，在进行辐射生物效应评估时，需要对硅微剂量探测器测得的沉积能量分布进行组织等效换算[9]。另外，硅半导体的耐辐射性较差，暴露在高能辐射场中会导致载荷子性能降低，进而使电荷收集效率变差，影响灵敏体积的界定[10]。而金刚石因其耐辐射性强、组织等效性好、击穿电压大、信号采集快等优点，被认为是硅微剂量探测器良好的替代材料，在近年来引起广泛关注[11]。尽管金刚石的组织等效性优于硅半导体，但其材料特性与生物组织仍存在差异，金刚石微剂量探测器测得的沉积能量分布与生物组织并不完全相同。因此，金刚石微剂量探测器的组织等效换算也十分必要。综上，对固体微剂量探测器而言，对其测得的沉积能量分布进行组织等效换算是辐射生物效应评估中不可或缺的内容。

鉴于此，本书拟围绕组织等效正比计数器的正比放大机制和固体微剂量探测器的组织等效换算展开相关研究。本书通过探究组织等效正比计数器的粒子输运倍增机制以及固体微剂量探测器的组织等效换算方法，对相关模型和方法进行改进和完善，提高微剂量探测器在实验微剂量学中应用的准确性和可靠性，提升微剂量探测器在辐射生物效应评估中的应用效果。本书还运用理论推导和实验验证的方式完成组织等效正比计数器正比放大机制的研究，以理论分析和蒙特卡洛模拟的方式完成固体微剂量探测器组织等效换算的研究。结果显示，基于连续方程和线性阻止本领推导的组织等效正比计数器的粒子输运与倍增模型与实验数据有较好的吻合度。基于查普曼-柯尔莫戈洛夫方程和等效换算因子推导的换算方法，在一定程度上能够将固体微剂量探测器测得的沉积能量分布转换为同等大小生物组织中的沉积能量分布。另外，考虑到辐射信号正比放大对探测器性能的影响，本书以金刚石微剂量探测器为例，讨论了在固体微剂量探测器中实现辐射信号正比放大的可行性。结果发现，由于金刚石中载荷子的漂移速度会随着外加电场的增加而趋于饱和，且饱和速度下的电子能量远小于理论倍增所需的能量，因此在金刚石微剂量探测器中实现辐射信号正比放大并不可行。

1.2 微剂量探测器的概述

1.2.1 组织等效正比计数器

组织等效正比计数器是在 20 世纪 50 年代早期由 Rossi 和 Rosenzweig 提出的，最初被用来测量未知辐射场的线性能量转移（linear energy transfer，LET）[12]。它通过填充低压气体将厘米级大小的宏观体积换算成微米级大小的微观体积，从而等效模拟微米级灵敏体积内的能量沉积分布与吸收剂量等信息。其成立的依据是电离辐射与物质相互作用时的截面与物质密度之比和该物质的密度无关，即法诺定理。

TEPC 往计数器腔体内填充组织等效气体（tissue equivalent gas，TEG），使计数器的质量阻止本领与生物组织相近，从而模拟出电离辐射与生物组织相互作用时的能量沉积与分布。其结构有球形和同心圆柱形两种。球形 TEPC 的阴极与阳极之间的距离是变化的，致使腔体内部电场分布不均，故需要在阳极附近构造螺旋栅极以确保阳极附近的电场分布均匀，便于为腔体内不同位置的电离提供相同且恒定的气体放大，其结构如图 1-1 所示。而同心圆柱形结构的 TEPC 由于阳极与阴极平行，电场分布均匀，故不需要构造螺旋栅极，结构相对简单。

组织等效正比计数器最突出的优点就是组织等效和正比放大。组织等效意味着探测器在辐射场中的响应与生物组织基本相同，能够较为准确地反映生物组织在辐射场中的响应特点与沉积能量分布情况；正比放大有助于提高探测器的探测阈值，防止信号漏采，准确记录灵敏体积内的能量沉积事件。这也是组织等效正比计数器能胜任布拉格曲线上任一位置沉积能量事件测量，以及作为标准微剂量探测器的原因。

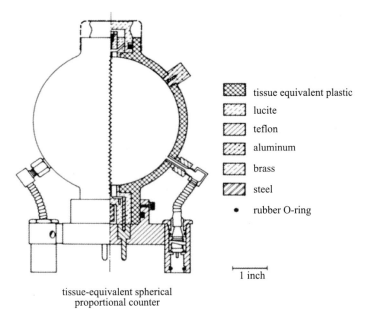

tissue equivalent plastic
lucite
teflon
aluminum
brass
steel
● rubber O-ring

⊢—⊣ 1 inch

tissue-equivalent spherical
proportional counter

图1-1　球形组织等效正比计数器结构[1]

但由于TEPC体积相对于模拟的微观组织较大，所以计数器腔体内沉积能量的分布与等效尺寸微观组织内沉积能量的分布会存在不一致，也就是大家所熟知的壁效应（wall effect）[1, 12]。为解决这一问题，学者们又设计制造了无壁TEPC和网壁TEPC，如图1-2所示。

球形TEPC探测器中的阴阳两极间距在阳极丝末端快速减小，导致内部电场畸变，即末端效应（end effect），这影响了TEPC的正比放大。其主要原因有两点：①阳极丝支撑的直径远大于阳极丝直径造成了电场下降，这种下降会沿着阳极丝延伸一定距离，甚至会等于计数器半径；②阴极的绝缘体孔直径通常小于阴极直径，导致电场会升高。Benjamin等[13]发现，如果阳极丝末端的阴极绝缘孔半径为球体半径的1/10，阳极丝半径达到球体半径的1/1 000，那么阳极末端的电场比没有丝支撑和绝缘材料情况下的球心电场高50%。为此，Benjamin等提出在阳极丝末端构造场整形电极，以便在阳极附近提供近似均匀的电场分布，如图1-3所示。

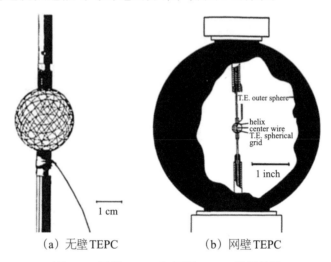

（a）无壁TEPC   （b）网壁TEPC

图1-2   无壁TEPC和网壁TEPC的结构[1]

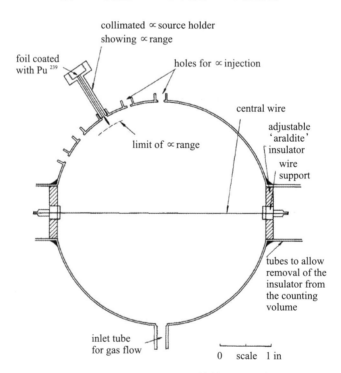

图1-3   Benjamin型组织等效正比计数器

该探测器的绝缘孔径可通过支撑绝缘体的套筒改变，必要时甚至可以移除。其输出脉冲高度可通过调节绝缘体直径、丝支撑直径、阳极丝直径、丝支撑位置以及绝缘材料位置来调整。实验证明，该结构计数器具有很好的能量分辨率，从探测器壁上不同位置射入的带电粒子输出的脉冲幅度基本相等[14]。但是球形探测器无法通过解析法来求得阳极丝表面的电场分布，该结构探测器只能根据实验得出各部分尺寸的一个经验性的关系式。

随着制造工艺的提升，学者们尝试制作小型组织等效正比计数器，即Mini-TEPC。最早开展这项研究的是哥伦比亚大学的研究者们，该项构造的核心便是制作两个场整形管以确保在 Mini-TEPC 灵敏体积内提供良好的电场[15]。但是场整形管需要外加电压，这使得计数器尺寸无法做到最小。随后，意大利国家核物理研究院（INFN）研制了没有场整形管的圆柱形 Mini-TEPC，其结构如图 1-4 所示[16]。

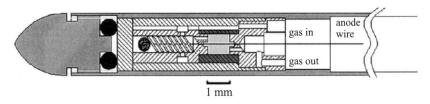

1 mm

图 1-4　INFN 研制的圆柱形 Mini-TEPC

Mini-TEPC 灵敏体积的直径和高度均为 0.9 mm，整个计数器封装在厚0.2 mm、外径为 2.7 mm 的钛防护罩内。实验结果显示，该探测器的测量结果准确、精度较高、响应速度快，能够用于粒子治疗束的微剂量学谱测量。

我国组织等效正比计数器的研究起步较晚。最先是北京放射医学研究所开展了圆柱形无壁 TEPC 的研制工作。该类型探测器的轴向电场均一性好，分辨率和长期稳定度较高，其线能测量下限在 0.1 keV/μm 以下，能满足不同 LET 辐射的微剂量学研究[17]。其后，中国科学院[18]、中国原子能科学研究院[19]、中国工程物理研究院[14]相继开展了关于组织等效正比计数器的研究，主要围绕圆柱形和球形 TEPC 在不同应用场景下的改进与性能评价。

1.2.2 硅微剂量探测器

硅微剂量探测器的出现得益于半导体加工技术的发展，这使得将探测器灵敏体积制成微米量级成为可能，而这对实验微剂量学而言有着十分重要的意义。且相较于TEPC，硅半导体探测器结构紧凑、成本低廉、可移植性好、低功耗、抗干扰。硅半导体探测器在微剂量学测量中的应用始自1980年，Dicello等[20]发现硅探测器可以实现全治疗束强度测量。但是由于存在势垒贯穿效应（funnelling effect），硅微剂量探测器的灵敏体积会受粒子LET影响[4]，产生的电荷会溢出探测器灵敏体积外。为此，学者们尝试解决势垒贯穿效应对硅微剂量探测器灵敏体积的影响。目前，主要采用的有绝缘硅（silicon on insulator，SOI）和ΔE-E硅微剂量探测器两种。

1. SOI微剂量探测器

应用SOI技术制备硅微剂量探测器是由Rosenfeld等[21]提出的。该探测器由4 800个二极管并列集成在10 μm厚的P型硅晶上，形成面积为0.044 cm²的探测阵列，每个二极管单元大小为30 μm×30 μm，其结点大小为10 μm×10 μm，结构如图1-5所示。这种结构能够：①精确定义硅探测器的灵敏体积，降低电荷收集的复杂性，特别是扩散和势垒贯穿效应；②相同的二极管组成探测阵列，能有效提高信号采集能力；③微米量级的二极管结构有助于模拟直径为10～15 μm的典型生物细胞；④能够测量到LET在1 keV/μm左右的能量沉积。

研究结果发现，由于整个探测器阵列面积小（0.044 cm²），因此避免了信号堆积和扰动效应。探测器与抗辐射电荷敏感放大器耦合后，线能探测下限能降至1.2 keV/μm。与比例气体计数器相比，特别是在质子布拉格峰附近的临界高剂量区，该装置提供了更高的空间分辨率。但是探测器的电荷收集效率（charge collection efficiency，CCE）会受到粒子进入灵敏体积的位置的影响，这与二极管灵敏体积内的电场结构有关[22]。

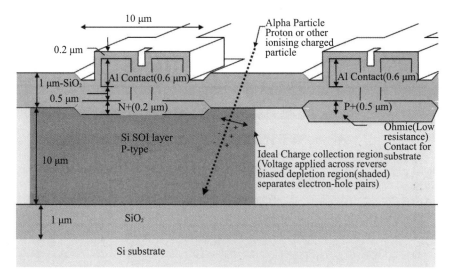

图1-5 二极管结构剖面图

随后，Rosenfeld等[23]学者不断对基于SOI技术的硅微剂量探测器进行改进，经过多年的发展，目前已发展到第五代，如图1-6所示。该微剂量探测器是由嵌入高阻P型硅层上的圆柱形二极管阵列组成的，其收集电极是位于圆柱中心的N型掺杂的硅，二极管的封装则通过在灵敏体积周围蚀刻一个圆形窄沟槽并进行掺杂实现的。沟槽蚀刻至二氧化硅绝缘层后，通过硼气体扩散（P+）对沟槽进行掺杂，再用掺杂的多晶硅（P+）填充沟槽并进行平面化处理。

探测器面积为2.4 mm×2.4 mm，共有33×33个独立的灵敏体积，每个灵敏体积的半径和高度分别为15 μm和9.1 μm。灵敏体积的偶数行和奇数行被独立读出，以避免相邻灵敏体积中的事件被当作单个事件读出[24-25]。与之前的SOI探测器相比，该探测器的灵敏区域内的电荷收集极快，但是粒子在沟槽外沉积能量产生的信号仍然会被采集到，即使这些信号的形成较慢，幅值较小。而且在探测器中观察到了一些低能事件[24]。

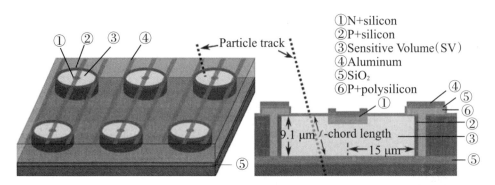

图1-6　第五代SOI微剂量探测器的拓扑图

2. ΔE-E硅微剂量探测器

ΔE-E硅微剂量探测器是由制备在硅衬底上的一个1 μm厚的ΔE区和一个500 μm厚的E区组成的，两区共用一个P掺杂电极，探测器的灵敏区面积约为10 mm²。其结构如图1-7所示[26]。

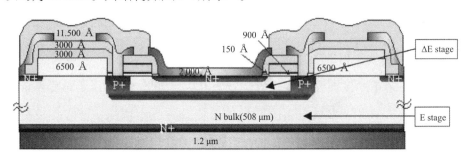

图1-7　ΔE-E硅微剂量探测器结构

入射辐射两个区产生的电荷被分别收集，深埋的P掺杂电极作为两个区的边界。ΔE区进行组织等效换算时可作为一个微剂量探测器，而E区则可提供入射辐射的相关信息。

实验结果显示，在该探测器中并未观察到势垒贯穿效应，因此，单片硅望远镜的ΔE区可以认为是固定的且与入射辐射的LET无关。且该探测器得出微剂量谱的空间分辨率可以达到亚毫米级，这与SOI微剂量探测器相当。但是该探测器的缺点是不能在各向同性场中得出准确的结果，因为它的平均弦长在各向同性场中是变化的，会给测量结果引入误差[23]。

为提升ΔE-E硅微剂量探测器的性能，Agosteo等[27-29]学者设计了阵列型的ΔE区，如图1-8所示。改进后，该区由一系列圆柱形的灵敏体积组成，厚度约为2 μm，直径约为9 μm，将其耦合到一个500 μm厚的E区上。每个灵敏体积周围都有一个直径为14 μm的保护环，用于将电荷收集限制在敏感体积的侧表面内。超过7 000个ΔE区阵列并行连接，可以提供面积约为0.5 mm²的有效检测区域。

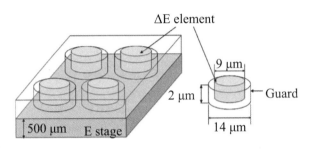

图1-8　阵列型ΔE-E硅微剂量探测器的布局图

ΔE-E硅微剂量探测器的优势是可以测量入射粒子能量及其种类的信息，综合ΔE区和E区的信息能够很容易识别出每个能量沉积事件的粒子类型和能量，从而允许逐个事件地进行组织等效修正。但这需要粒子的射程小于E级硅区的厚度（500 μm），这在布拉格峰远端的组织等效修正中很有用。对于粒子射程超过E区的情况，关于入射能量及粒子种类的判断则需要更复杂的算法[30]。

1.2.3　金刚石微剂量探测器

金刚石是最早被考虑用作辐射探测器的固体之一，早期主要用天然金刚石来制备探测器。但是天然金刚石质量和成分的差异性，会导致金刚石探测器的计数特性无法控制；且电荷极化也会导致探测器计数率和脉冲幅度随辐照时间增加而逐步降低[31-32]，因此阻碍了金刚石探测器的进一步发展。金刚石合成技术的兴起，尤其是化学气相沉积技术（chemical vapour deposition，CVD）的出现，使得在控制非金刚石碳相和结构缺陷上取得了良好的效果，显著提升了金刚石的品质[33]，这些改进和提高对金刚石在辐射探测器领域的应用有着积极的意义。因此，随着CVD技术逐渐成熟，自20世纪90年代起，金刚石辐射探测器再一次引发人们的关注，许多研究机构围绕CVD金刚石辐射探测器的性能展开了研究，并取得了一系列的研究成果[34-38]。

随着研究的深入与发展，应用金刚石探测器进行微剂量测量催生了人们对金刚石微剂量探测器的关注。托尔维加塔大学的Verona等[39]学者采用标准光刻法和选择性化学气相沉积技术制备了金刚石微剂量探测器，如图1-9所示。该探测器采用多层结构，其背部电极是厚300 nm、面积为300 μm×300 μm的P型金刚石，与右侧120 μm×120 μm的P型金刚石焊盘通过20 μm宽的P型金刚石条带连接；灵敏体积采用（0.8±0.05）μm厚的本征金刚石，上部电极是300 μm×300 μm大小的铬材料，与左侧120 μm×120 μm的铬焊盘相连。整个探测器安放在一个大体积高温高压（high pressure high temperature，HPHT）的单晶金刚石基底上。

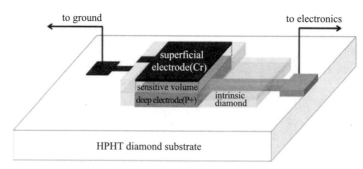

图1-9 多层结构金刚石微剂量探测器示意图

实验结果显示，该金刚石微剂量探测器的灵敏体积界限清晰，探测器的响应与入射辐射种类和能量有良好的线性关系。这表明该探测器适用于大范围的辐射和线性能量转移测量，不过由于金刚石表面存在结构缺陷，探测器对入射辐射响应的均匀性约为7%。另外，研究发现，该探测器的线能阈值较高，约为16 keV/μm。

Zahradnik等[40]提出一种微灵敏体积的单晶CVD金刚石薄膜微剂量探测器，其结构与级联式探测器类似，如图1-10所示。灵敏体积上面的一层薄硼掺杂金刚石（约400 nm）沉积在厚度为1~3 μm的本征金刚石薄膜上，薄膜灵敏体积边长通常为25~100 μm，与人体细胞相当。底部是一个由金属或碳基材料制成的大接地电极。该探测器制作简单，有较高的空间分辨率，但是在碳粒子束下的电荷收集效率只有80%。

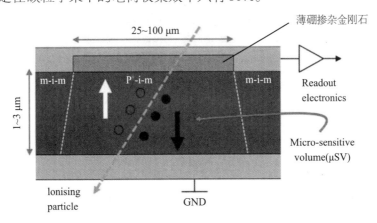

图1-10 金刚石薄膜微剂量探测器结构

随后，Zahradnik等[41]对该结构进行改进，在灵敏体积外部添加一个保护环（guard ring，GR），如图1-11所示。实验结果显示，由于灵敏体积周围存在保护环（GR），实现了微灵敏体积（$\varphi = 60$ μm）内沉积能量的准确测量，在±20 V偏压下，该结构的微剂量探测器可以得到良好的空间分辨率和电荷收集效率。但是在大范围扫描时，依然观察到了保护环与键合区之间产生的低能事件。

澳大利亚的Davis等学者致力于金刚石微剂量探测器加工技术的研究。他们对包括硼注入、沟槽加工、电极埋入三种不同方法获得的金刚石微剂量探测器性能进行了研究。结果显示，硼注入可以得到界限分明的灵敏体积，但是电荷收集效率较低[42]。沟槽加工使靠近沟槽的电极周围电场强度增加，导致电荷收集增加，而且还观察到了极化效应[43]。电极埋入有出色的电荷收集效率，但是需提高对灵敏体积的限定，以减少横向和纵向上的电荷扩散[44]。

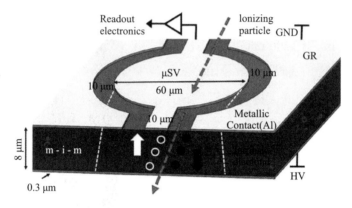

图1-11　带保护环的金刚石薄膜微剂量探测器结构示意图

伍伦贡大学医学辐射物理中心的Davis等学者针对不同加工技术下获得的金刚石微剂量探测器（阵列）的性能进行了研究。结果发现，离子注入法制备的阵列金刚石微剂量探测器各探测单元之间的电学隔离效果较好，可以得到界限分明的灵敏体积，但探测器的电荷收集效率较低。可能是因为离子注入时在金刚石样品中产生了空穴和间隙，导致产生的电荷被俘获或散射[42]。激光蚀刻法制备的阵列金刚石微剂量探测器各探测单元之间有较好的隔离，能有效降低探测单元灵敏体积与周围区域的电荷串扰，而且探测器的电荷收集效率接近100%。不过，探测器的电荷收集会受到入射辐射的能量和角度影响。另外，由于灵敏体积外电荷的漂移与累积，探测器电极附近存在局部电荷收集的现象[43]。Davis等还对利用活性钎焊合金制备的金刚石微剂量探测器进行了研究，该探测器结构如图1-12所示[44]。

图1-12中，A、B为探测器的电极，大小为80 μm×60 μm×30 μm，电极的间距为10 μm，T为探测器灵敏体积与周围金刚石样品的隔离沟槽（白色部分），宽度为5 μm，深度为60 μm。沟槽内部区域面积大小为160 μm×300 μm。实验结果表明，该沟槽能够有效消除周边区域对灵敏体积内电荷收集的干扰，且该探测器的电荷收集效率可达到100%。不过，由于活性钎焊合金的

材料都是以金或者银为基础，考虑到材料组织等效性对微剂量测量的重要性，钎焊合金探测器暂不适合微剂量测量的应用[45]。国内关于金刚石探测器的研究已经开展多年，围绕金刚石辐射探测器的材料制备[46-47]、探测器性能[48-53]、信号耦合电子学系统[54-55]等开展了相关研究工作，并取得了一系列研究成果。

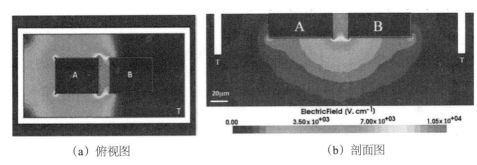

（a）俯视图　　　　　　　　　（b）剖面图

图1-12　活性钎焊合金金刚石微剂量探测器俯视图与剖面图

综上，组织等效正比计数器和固体微剂量探测器在辐射生物效应评估中各有优缺点，需结合应用需要选择合适的探测器。不过，鉴于组织等效正比计数器的正比放大机制和固体微剂量探测器的组织等效换算，有必要对组织等效正比计数器和固体微剂量探测器开展进一步的探讨。本书通过探究组织等效正比计数器的正比放大机制以及固体微剂量探测器的组织等效换算方法，对现有正比放大模型和组织等效换算方法进行改进和完善，提高微剂量探测器表征入射辐射与生物组织之间相互作用的准确性，提升微剂量探测器在辐射生物效应评估中的应用效果，并为微剂量探测器的设计与开发提供理论支撑。

1.3 主要内容及创新点

首先，本书基于连续方程、经典粒子输运理论和线性阻止本领理论得出粒子输运与倍增放大的理论计算模型，并以实验验证的方式证明了得出模型的准确性和可靠性；然后，基于查普曼–柯尔莫戈洛夫方程和等效换算因子推导了固体微剂量探测器的组织等效换算方法，运用蒙特卡洛模拟来验证了推导方法的正确性。本书研究有助于改进和完善正比放大模型及组织等效换算方法，提高微剂量探测器表征入射辐射与生物组织之间相互作用的准确性，提升微剂量探测器在辐射生物效应评估中的应用效果。另外，考虑到辐射信号正比放大对探测器性能的影响，本书还以金刚石微剂量探测器为例，探讨了在固体微剂量探测器中实现辐射信号正比放大的可行性。

1.3.1　主要研究内容

根据研究目标，本书研究的内容包括组织等效正比计数器的正比放大机制研究、固体微剂量探测器的组织等效换算方法研究、组织等效换算方法验证与分析、正比型金刚石微剂量探测器论证四个部分。具体如下。

1.组织等效正比计数器正比放大机制研究

信号正比放大是正比计数器的重要特性，对辐射信号的探测有着重要的意义。目前，关于计数器倍增的理论模型尚存在一定的局限性且使用范围较为有限，因此有必要针对正比计数器的正比放大机制展开进一步研究。分析发现，电子倍增会造成计数器内空间电荷堆积，进而产生空间电荷效应，影响计数器的正比放大倍数，但当前模型中均未对空间电荷效应加以考虑。此外，虽然倍增起始点是计算正比放大倍数的重要参数，但在正比放大模型的相关文献中并未涉及倍增起始点的确定方法。以上可能是导致当前这些模型适用范围较为有限的原因。因此，本书以正比计数器中空间电荷效应评估和倍增起始点确定为切入点开展正比放大机制研究。

（1）计数器的正比放大理论及相关模型。

这部分对正比计数器的正比放大理论以及学者们基于该理论得出的不同正比放大模型进行了简要的介绍，阐述造成现有模型局限性的原因。

（2）正比计数器粒子输运与倍增机制研究。

首先，考虑到玻尔兹曼方程求解较为困难，本书借助粒子通量和连续方程描述了计数器中的粒子输运特性，得出计数器内部粒子分布情况。然后，根据粒子分布，运用一维泊松方程求出空间电荷效应对正比放大倍数的关系式，完成空间电荷效应对正比放大倍数影响效果的评估。最后，基于经典粒子输运理论和阻止本领理论确定了粒子倍增的起始点，并以此完善粒子倍增的计算模型。

（3）开展粒子输运与倍增机制的验证。

Kowalski[56]发布了组织等效正比计数器在不同条件下测得的实验数据，这对验证推导的粒子输运倍增模型提供了强有力的支撑。因此，在粒子输运倍增机制的验证中，将以 Kowalski 的实测数据为依托完成相关结果的验证与分析工作。此外，为确保推导结果可靠，将 Mazed[57]在填充 Ar+CO$_2$（5%）混合气体的涂硼正比计数器中得到的数据也用于验算。

2. 固体微剂量探测器组织等效换算方法研究

目前，将固体微剂量探测器获得的沉积能量响应转换为组织中沉积能量分布的方法主要有平均射程比[23, 58]和线能比[11, 59]两种。前者是基于粒子在探测器和生物组织中平均射程之比，后者是依据相同辐射场中沉积相同能量分布时探测器和生物组织的线能之比。Rosenfeld[23]认为，当质子能量从 0.1 MeV 增加到 200 MeV 时，射程比会从 0.5 变到 0.8，如果使用平均射程比，会引入高达 15%的系统误差。而线能比在碳离子、氮离子、氧离子以及质子场中的等效换算效果较好[25]，但探测器与生物组织中相同沉积能量分布的确定过程较为复杂[9]。以上方法在本质上是关于固体微剂量探测器与生物组织之间等效换算因子的推导。由于换算因子会随着测量点的入射能量而变化，当测量给定大小生物组织在不同透射深度下的沉积能量分布时，若按照换算因子来选择固体微剂量探测器，则需根据透射深度的不同选择不同大小的探测器，这显然是不可取的。而采用给定大小的微剂量探测器又会导致探测器在不同透射深度表征的生物组织大小存在差异。因此，有必要围绕固体微剂量探测器与同等大小生物组织中沉积能量分布的等效换算展开研究。针对固体微剂量探测器组织换算方法的研究主要分为以下几部分。

（1）介质中沉积能量与沉积能量分布理论。

入射辐射与辐照介质发生相互作用的能量沉积是一个随机过程，了解该过程中的沉积能量和能量沉积分布的相关理论是研究固体微剂量探测器组织等效换算的基础。因此，在开展固体微剂量探测器组织等效换算方法研究之前，对带电粒子与介质相互作用的相关理论，以及带电粒子与物质相互作用的沉积能量分布理论进行了简要介绍。

（2）固体微剂量探测器的组织等效性研究。

固体微剂量探测器的组织等效换算都是基于固体微剂量探测器与生物组织中沉积能量分布的等效性。因此，开展了固体微剂量探测器的组织等效性研究。通过对相同辐射场中同等大小固体微剂量探测器与生物组织在相同情况下的沉积能量响应进行分析，得出了固体微剂量探测器的组织等效换算因子。

（3）固体探测器组织等效换算方法研究。

针对目前的组织等效换算方法存在的局限性，基于查普曼-柯尔莫戈洛夫方程和等效换算因子推导了将固体微剂量探测器测得的沉积能量分布转化为相同大小生物组织的沉积能量分布的换算方法。

3. 组织等效换算方法验证与分析

根据固体微剂量探测器材料，组织等效换算方法的验证可分为硅和金刚石两个部分。具体内容如下：①通过GEANT4蒙特卡洛模拟程序获取相同辐射场中同等大小固体微剂量探测器和生物组织在沿布拉格曲线不同位置处的沉积能量分布；②运用所得出的组织等效方法对固体微剂量探测器中的能量沉积谱进行等效换算，并将换算结果与生物组织中的沉积能量分布进行对比，观察变换的沉积能量谱与生物组织中的沉积能量谱之间的吻合情况；③结合换算结果完成了组织等效换算方法的分析与讨论。

4. 正比型金刚石微剂量探测器论证

固体微剂量探测器的灵敏体积通常为微米大小，这导致入射粒子在探测器中产生的信号幅度较小，一些低能沉积事件的辐射信号会因幅度过小而湮没在前置放大电路的系统噪声中，从而导致固体微剂量探测器的测量范围仅能涵盖布拉格峰。若可以为固体微剂量探测器中产生的辐射信号提供正比，则有助于将固体微剂量探测器的测量范围扩展至整个布拉格曲线。金刚石由于击穿电压大，理论上存在信号正比放大的可能。因此，在该部分探讨了金刚石微剂量探测器实现信号正比放大的可行性。主要内容如下。

（1）正比型金刚石微剂量探测器的理论设计。

首先论述了正比放大对探测器性能的影响，明确正比型金刚石微剂量探测器的理论意义。再结合组织等效正比计数器的构型与固体材料的加工工艺，完成正比型金刚石微剂量探测器的理论设计，利用已验证的粒子输运倍增理论分析金刚石微剂量探测器实现正比放大的理论可行性。

（2）正比型金刚石微剂量探测器的理论验证。

关于探测器正比放大的验证主要是通过在 Garfield++工具包中构建一个与理论设计相同的金刚石微剂量探测器，调用相关程序模块完成相应参数的配置，观察输出结果并计算放大倍数。然后，与理论分析结果进行对比，检验理论推导结果与模拟结果之间的吻合度，验证正比型金刚石微剂量探测器的可行性。

1.3.2 创新点

本书拟通过探究组织等效正比计数器的粒子输运倍增机制以及固体微

剂量探测器的组织等效换算方法，对正比放大模型及组织等效换算方法进行完善和改进，提高微剂量探测器表征入射辐射与生物组织之间相互作用的准确性，提升微剂量探测器在辐射生物效应评估中的应用效果，同时为微剂量探测器的设计与开发提供理论支持。此外，本书以提高固体微剂量探测器性能为出发点，探讨了在金刚石微剂量探测器中实现辐射信号正比放大的可行性。因此，本书课题的创新点如下。

1. 完善了正比计数器的粒子输运与倍增模型

首先，本书用连续方程替代玻尔兹曼方程来表征探测器内粒子的输运特性，求得了粒子在探测器内的分布情况，克服了玻尔兹曼方程较难获得解析解的缺点。其次，本书基于求得的粒子分布，结合泊松方程得出了空间电荷效应与电子倍增之间的关系式，明确了空间电荷效应与电子倍增的相关性。最后，本书利用经典粒子输运理论和阻止本领理论确定了倍增起始点，推导并完善了相关倍增计算模型。结果显示，模型的计算结果与实验数据具有较好的吻合度，能准确表征计数器在整个正比区内的正比放大，克服了目前倍增模型适用范围较为有限的缺点。

2. 提出了固体微剂量探测器组织等效换算方法

首先，借助能量沉积和能量沉积分布理论分析了固体微剂量探测器的组织等效性，基于固体微剂量探测器的组织等效性得出了固体微剂量探测器与生物组织的等效换算因子。然后，在此基础上，结合查普曼-柯尔莫戈洛夫方程推导了相同辐射场中同等大小固体微剂量探测器与生物组织之间沉积能量分布的等效换算方法，并利用该方法完成了硅微剂量探测器和金刚石微剂量探测器的组织等效换算，得到了较好的结果。该方法在等效换算因子的基础上进行了扩展，克服了以等效因子进行换算存在的局限性，提高了固体微剂量探测器组织等效换算的适用性和有效性。

3. 论证了固体微剂量探测器信号正比放大的可行性

低能沉积事件在固体微剂量探测器中产生的辐射信号因幅度过小而湮没在前置放大电路的系统噪声中，导致固体微剂量探测器的测量范围仅能

涵盖布拉格峰。而组织等效正比计数器能实现辐射信号正比放大，可胜任沿布拉格曲线上任何位置的沉积能量探测。鉴于此，本书以金刚石微剂量探测器为例，完成了正比型金刚石微剂量探测器的理论设计与论证，探讨了在固体微剂量探测器中为辐射信号提供正比放大以实现低能沉积事件探测的可行性。尽管结果显示，由于声子散射在现有条件下金刚石微剂量探测器中实现辐射信号正比放大暂不可行，但相关分析论证在一定程度上对金刚石微剂量探测器的开发与应用有着积极的意义。

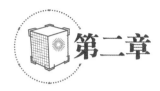

第二章

微剂量探测器理论基础

电离辐射与物质的相互作用是一个离散且随机的过程。传统剂量评估使用的吸收剂量和吸收剂量率忽略了相互作用过程中内在随机波动的统计平均，而由于沉积能量在小体积、小剂量情况下的随机性更显著，它们在表征微观体积内的沉积能量分布信息上的作用较为有限[60]。因此，Rossi 等人建立了用于描述细胞水平能量沉积分布的基本理论、物理量以及实验方法来系统分析微观尺度上的能量沉积分布的微剂量学[61]。

2.1 微剂量学

在与物质的相互作用中，电离辐射的作用效率被认为是独一无二的，它能将能量以高度集中的形式传递给受辐照物质的原子，它与引起类似效应的其他物理媒介的能量密度相比是极小的，且电离辐射的有效性会因带电粒子径迹上各种相互作用的叠加而进一步增强。由于电离辐射在微观尺度上沉积能量分布的差异，生物组织相同程度损伤所需的能量会因辐射种类的不同而相差 100 倍之多。尽管吸收剂量在表征辐照作用中是一个有用的标准量，但辐照效应却取决于给定能量在辐照介质中沉积

的分布[1]。因此，了解微观尺度上的沉积能量分布不仅有助于解释不同类型电离辐射的生物学效应，而且有助于了解电离辐射与生物组织的相互作用机理。

微剂量学是对辐照物质中沉积能量的时空分布进行系统研究和量化的方法，它提供了相关物理量的定义以及相应实验测量的方法，对了解微观体积中沉积能量波动与分布具有十分重要的意义。最早关于微剂量学的提法是以微剂量点（site）为基础的，微剂量点是指在具有特定尺寸的区域内研究物质与电离辐射相互作用所吸收的能量，但不考虑吸收能量的微观分布。这种方法被称为区域微剂量学（regional microsimetry）。它因所涉及的量在初步近似下是与辐射效应有关的，并且可以实现准确测量，而持续受到广泛关注。

Kellerer[1]提出了一种被认为更优的结构微剂量学（structure microdosimetry）。结构微剂量学允许对沉积能量的微观分布［也叫"早期分布"（inchoate distribution）］进行详细描述，它是研究辐射效应的基础，因为辐射的直接效应是由沉积能量微观分布与受辐照物质共同决定的。虽然沉积位置处能量在受辐照物质内的迁移是一个复杂过程，但至少在原理上可以被纳入结构微剂量学范畴中。

与其他物理学分支一样，微剂量学也分为实验微剂量学和理论微剂量学两个部分。前者是关于微剂量学量的测量，后者则揭示这些微剂量学量之间的关系，以及微剂量学量与其他一般物理学量之间的关系。尽管可以通过对实验结果的分析得出结构微剂量学的相关信息，但实验微剂量学在本质上更用合于表征区域微剂量学。相反地，理论微剂量学则主要适用于结构微剂量学，当然它也可以扩展到区域微剂量学中。

2.2 微剂量学量

微剂量学中两个基本的物理量分别是比能（specific energy）和线能（lineal energy），本节将对它们进行简要的介绍，不过在此之前，还需要对沉积能（energy deposit）和授予能（energy imparted）两个相关物理量进行简要阐述。

1. 沉积能

沉积能是指单次相互作用中电离辐射在受辐照物质中沉积的能量[62]。沉积能的计算公式如下：

$$\varepsilon_i = \varepsilon_{in} - \varepsilon_{out} + Q \tag{2-1}$$

式中，ε_i是单次相互作用i中的沉积能；ε_{in}表示电离辐射的入射能量；ε_{out}是离开相互作用点的带电粒子和不带电粒子的能量总和，ε_{in}和ε_{out}均不包括静止能量；Q为相互作用中涉及的原子核和基本粒子的静止能量变化量。$Q > 0$表示静止能减少，$Q < 0$表示静止能增加。沉积能ε_i是一个随机量，它的单位是焦耳（J），通常也用电子伏特（eV）表示。电离辐射与物质原子的电子相互作用导致原子激发并不涉及原子核或基本粒子静止能的改变，即$Q = 0$。

2. 授予能

授予能指的是电离辐射在给定体积辐照物质中沉积能量的总和[61]。授予能的计算公式如下：

$$\varepsilon = \sum \varepsilon_i \tag{2-2}$$

授予能的单位是焦耳（J），但也常用电子伏特（eV）表示。它也是一个随机量。授予能是对指定体积内所有相互作用事件（event）所沉积的能量进行求和，求和的沉积能量可能源自单个或多个能量沉积事件。

平均授予能 ε_{mean} 等于进入给定体积的所有带电或非带电粒子的平均辐射能 R_{in} 减去离开该体积时所有带电或非带电粒子的平均辐射能 R_{out}，再加上该体积内相关原子核和基本粒子平均静止质量的变化量之和 $\sum Q$[62]。平均授予能用公式表示为

$$\varepsilon_{mean} = R_{in} - R_{out} + \sum Q \qquad (2\text{-}3)$$

与式（2-1）类似，$Q > 0$ 表示静止能减少，$Q < 0$ 表示静止能增加。

3. 比能

比能是电离辐射传递给指定体积物质的能量 ε 与该体积物质质量 m 之比[61-62]。比能用公式表示为

$$z = \frac{\varepsilon}{m} \qquad (2\text{-}4)$$

式中，z 表示比能，它的单位是 Gy，1 Gy = 1 J/kg。比能是一个随机量，通常需要考虑它的概率分布 $F(z)$。其概率密度 $f(z)$ 等于 $F(z)$ 关于 z 的导数，即

$$f(z) = \frac{dF(z)}{dz} \qquad (2\text{-}5)$$

$F(z)$ 和 $f(z)$ 取决于质量为 m 的辐照物质中的吸收剂量。概率密度 $f(z)$ 没有能量沉积，即 $z = 0$ 时，概率是一个离散分量，即狄拉克函数（Dirac delta function）。它的期望值为

$$z_{mean} = \int_0^\infty zf(z)dz \qquad (2\text{-}6)$$

z_{mean} 即平均比能（mean specific energy），它是一个非随机量。

比能可能由一个或多个能量沉积事件引起，单个事件的比能分布函数为 $F_1(z)$，其概率密度为[61]

$$f_1(z) = \frac{dF_1(z)}{dz} \qquad (2\text{-}7)$$

其表示单一事件比能 z 的分布，它的期望值为

$$z_F = \int_0^\infty zf_1(z)dz \qquad (2\text{-}8)$$

z_F 是每次事件平均比能的频率（frequency-mean specific energy per event），它是一个非随机量。

对于单次能量沉积事件中的剂量分布 $D_1(z)$，它的概率密度 $d_1(z)$ 是 $D_1(z)$ 关于 z 的导数：

$$d_1(z) = \frac{\mathrm{d}D_1(z)}{\mathrm{d}z} \tag{2-9}$$

它的期望值为

$$z_D = \int_0^\infty z d_1(z)\mathrm{d}z \tag{2-10}$$

z_D 被称为每次事件平均比能的剂量（dose-mean specific energy per event）。它也是一个非随机量。

单次事件的剂量概率密度 $d_1(z)$ 和比能概率 $f_1(z)$，以及它们期望值之间的关系[61]如下：

$$d_1(z) = \frac{z}{z_F} f_1(z) \tag{2-11}$$

$$z_D = \frac{1}{z_F} \int_0^\infty z^2 f_1(z)\mathrm{d}z \tag{2-12}$$

4. 线能

线能是单次事件中电离辐射传递给指定体积物质的能量 ε 与该体积平均弦长 l_{mean} 之比[61-62]。线能用公式表示为

$$y = \frac{\varepsilon}{l_{mean}} \tag{2-13}$$

式中，y 表示线能，它的单位是 J/m，但在微剂量学中常用 keV/μm 来表示。给定体积的平均弦长是指该体积任意方向弦长的平均值。根据柯西定理，一个凸面体的平均弦长为[62]

$$l_{mean} = \frac{4V}{S} \tag{2-14}$$

式中，V 和 S 分别指的是凸面体的体积和表面积。

线能也是一个随机量，因而获取其分布函数 $F(y)$ 和概率密度 $f(y)$ 对了解能量沉积分布来说也是十分必要的。与比能相似，线能的概率密度可表示为

$$f(y) = \frac{\mathrm{d}F(y)}{\mathrm{d}y} \tag{2-15}$$

它也被称为"线能分布"。需要注意的是，线能定义的是单次能量沉积事件，因而它与吸收剂量和吸收剂量率无关。线能的期望值为

$$y_F = \int_0^\infty yf(y)\mathrm{d}y \tag{2-16}$$

该期望值被称为平均线能频率（frequency-mean lineal energy），是一个非随机量。

类似地，可知线能的剂量分布函数和概率密度有如下关系：

$$d(y) = \frac{\mathrm{d}D(y)}{\mathrm{d}y} \tag{2-17}$$

同样地，剂量概率密度也是与吸收剂量和吸收剂量率无关的量。它的期望值为

$$y_D = \int_0^\infty yd(y)\mathrm{d}y \tag{2-18}$$

该期望值被称为平均线能剂量（dose-mean lineal energy），也是一个非随机量。

概率密度$f(y)$与$d(y)$，以及y_F与y_D之间的关系式为

$$d(y) = \frac{y}{y_F}f(y) \tag{2-19}$$

$$y_D = \frac{1}{y_F}\int_0^\infty y^2 f(y)\mathrm{d}y \tag{2-20}$$

微剂量谱通常以$y \cdot d(y)$关于y的半对数函数图像来表示，如图2-1所示。

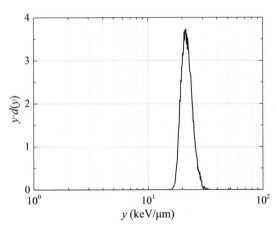

图2-1　10 MeV单能质子在棱长10 μm的碳立方体中的沉积能量谱

2.3 理论研究工具

GEANT4（geometry and tracking）是欧洲核子研究组织（CERN）采用面向对象的C++语言开发的用于模拟粒子与物质相互作用的蒙特卡洛程序包，其主要应用领域包括高能物理、核反应与加速器物理、医学以及空间科学等[63]。蒙特卡洛用数值方法来解决不能通过解析方法求解的复杂问题，该方法通过产生合适的随机数并观察其中部分随机数中服从的某种或某些性质规律来解决问题。使用蒙特卡洛方法来解决辐射物理问题允许用户在低成本、无风险的环境下创建并运行相关实验[22]。

GEANT4涵盖了粒子与物质相互作用过程中的各个方面，用户可以根据使用要求自行编写模拟程序，或直接使用/修改给出的例子，这些例子涵盖医学物理、高能物理等不同应用场景。GEANT4在开发时将程序包划分为很多小的逻辑单元，即类（class），以便灵活调用与开发。用户可以根据模拟的实验环境、使用的材料及其几何形状，粒子的物理交互过程，事件数据的生成，以及探测器和粒子轨迹的可视化等需求自行调用。

在GEANT4中，程序会根据用户配置的输入项与输出项来进行模拟。其中，输入项包括粒子源、与粒子发生相互作用的材料、探测器、粒子的数量及能量等信息；输出项为粒子与材料相互作用的各项信息，如反应时间、反应轨迹、沉积能量等。配置完成后，GEANT4的粒子源会发射出指定的粒子，该粒子会与用户设置的材料进行相互作用，其相互作用的种类、沉积能量、作用时间等特性参数由蒙特卡洛抽样来决定。抽样概率基于GEANT4自带的粒子与材料相互作用数据库，这些数据库有些是实验测量的结果，有些是理论计算的结果。

粒子从出射到与材料发生相互作用再到沉积在材料内部或离开模拟区

域被称为粒子的生命周期，在GEANT4中被称为"Event"。粒子或次级粒子在材料中走过的轨迹则称为"Track"。粒子与材料发生相互作用可能不止一次，因此，GEANT4以Track上发生相互作用的位置为节点把每个Track都分为了若干个步，即"Step"，每个Step表示一次相互作用。GE-ANT4模拟的架构图如图2-2所示。

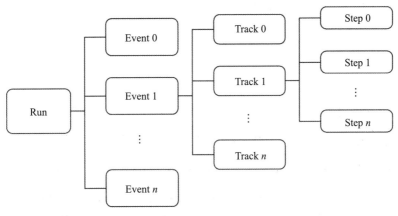

图2-2　GEANT4模拟的架构图

GEANT4中一次模拟称为一个"Run"，一个Run中可以包含一个或多个Event。在Run之前，用户需要正确配置程序所有的输入项与输出项。在Run执行后，用户除了中断当前Run外，无法对Run进行任何其他处理。

鉴于GEANT4在模拟粒子与物质之间的相互作用中具有较好的准确性、灵活性和可靠性，且有关研究[64-65]已经表明，在微剂量学研究中，GEANT4的模拟结果与实验结果具有较好的吻合度。因此，固体微剂量探测器中沉积能量分布的相关数据获取与验证工作通过GEANT4完成。

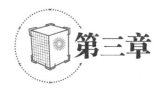

第三章

组织等效正比计数器

组织等效正比计数器通过在计数器中填充低压组织等效气体来模拟微米大小生物组织在辐射场中的沉积能量分布。常用的组织等效气体主要有甲烷组织等效气体（methane based tissue equivalent gas，Meth-TEG）和丙烷组织等效气体（propane based tissue equivalent gas，Prop-TEG）两种[1, 10]。组织等效正比计数器能为入射辐射产生的信号提供正比放大，使得TEPC能够胜任少量甚至单个沉积能量事件的探测。而单个沉积能量事件是低LET辐射场中微剂量点中的主要成分，为使TEPC能胜任低LET辐射场中的微剂量学量测量，良好的气体正比放大对组织等效正比计数器而言至关重要[66]。因此，了解组织等效正比计数器的正比放大机制对TEPC在实验微剂量学中的应用具有积极的意义。

组织等效正比计数器主要有球形和同心圆柱形两种结构。虽然球形结构的组织等效正比计数器更接近生物组织模型，但由于阳极和阴极之间的距离是变化的，其内部电场分布不均匀，因此需要在阳极附近添加螺旋栅极来确保阳极附近电场分布均匀，电离信号的正比放大也主要在均匀电场中完成，以使探测器内不同位置的电离都有相同的正比放大。而同心圆柱形结构则较为简单，只需在材料中构造一个圆柱形阳极和一个圆柱壳层阴极，就可以在内部形成均匀的电场分布，通过适当的外加电压就能实现不同位置的电离有相同的正比放大。而且相关研究显示，直径和高度均为

0.895d的圆柱形探测器与直径为d的球形探测器在形状上是等效的。在各向同性辐射场中，两者测得的平均授予能之间相差不超过1.7%，即使入射辐射是单向的且垂直于圆柱轴线，两者之间仍然能保持良好的等效性[67]。因此，本章关于组织等效正比计数器正比放大机制的相关研究都是在同心圆柱形结构中完成的。

3.1 工作特性

带电粒子穿过正比计数器，与填充气体发生相互作用而损失能量，损失的能量会导致气体电离或激发，从而产生电子–离子对。电子和离子会在外加电场下朝着相应的电极运动，从而产生感应电流，感应电流的大小与收集到的电子–离子对数目有关，而离子对的收集与外加电压的大小有关，如图3-1所示。根据外加电压的大小，可以将离子对收集分为复合区（0～V_a）、饱和电流区（V_a～V_b）、正比区（V_b～V_c）、限制正比区（V_c～V_d）、盖革区（V_d～V_e）、连续放电区（$>V_e$）。

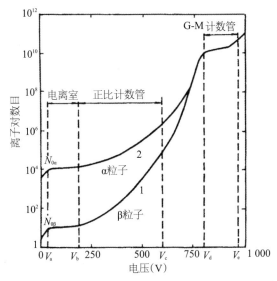

图3-1　收集的离子对数目与外加电压之间的关系[68]

（1）复合区：由于外加电压较小，电子-离子对在向对应电极迁移的过程中，电子与其他中性分子碰撞时，可能与中性分子结合成负离子，负离子与正离子复合形成中性分子，或者电子在迁移过程中与离子复合。这都会导致收集到的电子-离子对比实际产生的电子-离子对少。

（2）饱和电流区：随着外加电压的增大，电子-离子对在运动过程中的能量增大，离子复合的现象逐渐减弱。当电压增大到一定值（V_a）时，离子复合现象消失，收集到的离子对数目与实际产生的电子-离子对相等。

（3）正比区：继续增大外加电压时，电子-离子对在迁移过程中的能量也逐渐增大，当电压到达一定阈值（V_b）时，电子从外加电场获得足够大的能量，其在迁移过程中与中性气体分子碰撞时产生次级电子-离子对。次级离子对在迁移中也会从外加电场获得能量，在与气体分子碰撞时又会产生新的电子-离子对。如此循环往复，最后收集到的离子对将大于实际产生的离子对。在这个过程中，气体实际起到了一个电离放大的作用，即气体放大。

（4）限制正比区：随着次级离子增多，由于离子迁移速度慢，容易在电场中堆积，产生的电场会抵消一部分外加电场，从而限制次级离子的继续增加，即空间电荷效应。随着电压的增大，空间电荷效应的影响也增大，其对气体放大的限制也就越明显。

（5）盖革区：当电压超过一定值（V_d）后，空间电荷的影响达到极限，这时收集的离子对数目与实际产生的离子对数目无关。当电压一定时，收集到的离子对数目都相同，且与入射辐射的类型、沉积能量的大小无关。外加电压越高，信号越大。

（6）连续放电区：当外加电压超过 V_e 时，计数器就达到连续放大状态，而且放电过程一旦开始就无法停止。

组织等效正比计数器正是工作在正比区的气体探测器，通过气体放大对入射辐射产生的电荷进行比例放大，提高输出信号的幅度，便于后续电子学系统的采集与处理。因此，正比计数器信号正比放大机理的研究是组织等效正比计数器研究工作的重要内容。

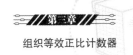
3.2 气体放大理论及相关模型

关于正比计数器的正比放大工作机制，学者们提出了许多理论模型。尽管这些理论模型都存在一定的局限性且适用范围较为有限，但其基础理论却是相同的，本节将围绕正比计数器气体放大理论及相关模型进行简要介绍。

3.2.1 气体放大理论

在正比计数器中，入射辐射与填充气体发生电离产生初级电子，初级电子在外加电场的作用下向阳极移动，当初级电子从外加电场中获得的能量足够大时，初级电子会与填充气体发生二次电离产生次级电子。如此往复，当所有电子到达阳极时，在阳极收集到的电子数将会大于初始电离产生的电子数，两者的比值即为正比计数器的正比放大倍数。关于放大倍数的理论计算是基于电子倍增是呈指数增长的假设，相关表达式如下[69]：

$$G = \frac{N(x)}{N_0} = \exp[\int \alpha(x)\mathrm{d}x] \tag{3-1}$$

式中，G 表示计数器的正比放大倍数；N_0 为由初始电离产生的电子数；$N(x)$ 是在距离阴极 x 处的电子数；$\alpha(x)$ 为第一汤森系数（first Townsend coefficient），表示一个自由电子在单位距离上产生次级电子的平均数。

汤森电离系数会受到填充气体类型、气体压强、外加电压及探测器结构的影响。为消除气体压强对汤森系数的影响，学者们引入了约化电离系数 α/p 和约化电场强度 $S = E/p$ 来描述正比计数器的正比放大倍数。对于一个

外径为b、内径为a的同心圆柱形正比计数器，其约化电场强度的表达式为[7, 66]

$$S_r = \frac{E_r}{p} = \frac{U}{p \cdot r \cdot \ln(b/a)} \tag{3-2}$$

式中，U表示正比计数器的外加电压；p表示填充气体的压强；S_r和E_r分别表示计数器中距离轴心r处的约化电场强度和实际电场强度。

代入式（3-1）后，正比放大倍数计算公式变为

$$\frac{\ln G}{p \cdot a \cdot S_a} = \int_{S_c}^{S_a} \frac{\alpha}{p} \frac{1}{S^2} \mathrm{d}S \tag{3-3}$$

式中，S_a为计数器阳极处的约化电场强度；S_c为计数器中倍增起始点c处的约化电场强度。如果能够求出约化电离系数α/p的表达式，则可由式（3-3）计算正比计数器的正比放大倍数。

3.2.2 气体正比放大相关模型

假设电子在两次碰撞之间从电场中获得的能量为E_K，填充气体的平均电离/激发能为I。当$E_K < I$时，电子将在碰撞中损失全部能量且不产生次级电离；当$E_K > I$时，电子将发生二次电离并产生次级电子。设电子在两次碰撞间的平均自由程为λ_0且在平均自由程内电场强度E保持不变，则有

$$E_K = eE\lambda_0 \tag{3-4}$$

电子发生二次电离的临界条件是$\lambda_{ion} = I/(eE)$。假设电子在连续两次电离事件中发生碰撞的次数服从泊松分布，则有

$$p(n) = \frac{(n_{Ave})^n}{n!} \exp(-n_{Ave}) \tag{3-5}$$

式中，n为连续两次电离事件中的碰撞次数，$n_{Ave} = \lambda_{ion}/\lambda_0$表示连续两次电离事件中的平均碰撞次数。当两次电离事件间碰撞次数为零，即$P(n = 0)$时，意味着电子在两次碰撞之间从电场中获得的能量E_K大于等于I，达到发生二

次电离的条件。此时有[70]

$$p(n=0) = \exp\left(-\frac{\lambda_{ion}}{\lambda_0}\right) \tag{3-6}$$

由电子在单位距离上碰撞的次数为 $1/\lambda_0$ 可知,单位距离上发生二次电离产生的次级电子数为

$$\alpha = \frac{1}{\lambda_0}\exp\left(-\frac{\lambda_{ion}}{\lambda_0}\right) \tag{3-7}$$

即汤森第一电离系数。由于平均自由程 λ_0 与填充气体的压强 p 成反比,故由式(3-7)得出约化电离系数为

$$\frac{\alpha}{p} = A_1\exp\left(-\frac{B_1}{E/p}\right) = A_1\exp(-B_1/S) \tag{3-8}$$

式中,A_1 和 B_1 是由 λ_0 和 λ_{ion} 得到的常数。这就是 Williams 和 Sara 提出的约化电离系数的表达式[69]。

Ségur 等[70]对电子在单位距离上的碰撞次数进行深入分析后,提出单位距离上的碰撞次数是一个关于单位体积气体分子密度 N、总有效碰撞截面 σ 以及入射辐射路径在电场方向上投影的平均比率 h 的函数,即

$$\frac{1}{\lambda_0} = Nh\sigma \tag{3-9}$$

将其与 $\lambda_{ion} = \dfrac{I}{eE}$ 代入式(3-7),得到

$$\frac{\alpha}{N} = h\sigma\exp\left(-\frac{Nh\sigma I}{eE}\right) \tag{3-10}$$

式中,α/N 表示约化电离系数;E/N 表示约化电场强度。

由于有效微分截面是正比于电子能量的,因此总有效碰撞截面也与电子束的平均能量正相关。Ségur 等根据实验数据得出以下结论:对于大多数气体来说,当 E/N 的值不太大时,电子的平均能量正比于约化电场强度的幂。因此,总有效碰撞截面:

$$\sigma = kS^m \tag{3-11}$$

式中,k 为常数;指数 m 的取值为 $0\sim1$。

由式（3-11）可知：

$$\frac{\alpha}{N} = A_2 S^m \exp(-B_2 S^{m-1})\qquad(3\text{-}12)$$

式中，A_2 和 B_2 是由填充气体特征常数 hkI 决定的常数。

Williams-Sara 和 Ségur 等提出的约化电离系数及相应气体放大倍数的计算公式见表3-1所列。表3-1中也罗列了其他学者基于不同假设得出的约化电离系数及对应的正比放大倍数计算模型[7,71]。

表3-1　正比计数器正比放大倍数的计算模型

模型	α/p	$\dfrac{\ln G}{p \cdot a \cdot S_a}$
Khristov	k_1	$k_1\left(\dfrac{1}{S_c} - \dfrac{1}{S_a}\right)$
Diethron	$k_2 S$	$k_2 \ln \dfrac{S_a}{S_c}$
Zastawny	$k_3(S-S_c)$	$k_3\left(\ln\dfrac{S_a}{S_c} + \dfrac{S_c}{S_a} - 1\right)$
Rose-Korff	$k_4 S^{1/2}$	$2k_4\left(\dfrac{1}{\sqrt{S_c}} - \dfrac{1}{\sqrt{S_a}}\right)$
Kowalski	$k_4 S^{3/2}$	$2k_5\left(\sqrt{S_a} - \sqrt{S_c}\right)$
Williams-Sara	$A \cdot \exp(-B/S)$	$\dfrac{A}{B}\left[\exp\left(\dfrac{B}{S_a}\right) - \exp\left(\dfrac{B}{S_c}\right)\right]$
Ségur, et al	$AS^m \cdot \exp(-B \cdot S^{m-1})$	$\dfrac{1}{m-1} \cdot \dfrac{A}{B}\left[\exp\left(BS_a^{m-1}\right) - \exp\left(BS_c^{m-1}\right)\right]$

Kowalski 用氩气+异戊烷混合气体验证了 Rose-Korff、Diethorn、Williams-Sara、Khristov、Zastawny 公式在计算正比计数器放大倍数时的有效性，结果发现，这些公式在整个测量范围内（$1 < G < 5\times10^4$）对计数器正比放大倍数的描述并不令人满意[5]。Othman 用氖气+氮气混合的潘宁（Penning）气体验证了这些公式的适用性，结果发现，只有 Zastawny 模型能够很好地表征研究范围内（$1 < G < 6.4\times10^3$）计数器的气体放大倍数，而 Diethron 模型仅适用于氮气浓度较小（$< 5\times10^{-4}$）的情况[6]。Bronić 等指出

Kowalski的模型仅在小约化电场强度下适用[7]。Moro等通过在组织等效正比计数器中填充丙烷气体来研究不同等效电压（99.8 ≤ $K = U/\ln(b/a)$ ≤ 122.3）下Ségur等提出的模型与实验结果的吻合情况，结果显示：当 $K =$ 122.3时，实验结果略大于模型结果；而当 $K = 99.8$ 时，实验结果却小于模型结果[8]。

气体发生电离时，电子与离子是成对产生的，离子由于漂移速度慢于电子，会滞留在探测器内部形成空间电荷，空间电荷的存在会极大地影响正比计数器的正比放大过程[72]。而上述模型中均未对空间电荷效应加以考虑，这可能是导致上述模型适用范围较为有限的原因。

另外，如式（3-3）所示，倍增起始点是正比计数器放大倍数计算的关键参数，而在正比放大模型推导的相关文献中并未提及倍增起始点的确定方法，这可能是不同模型计算结果存在差异的另一个原因。因此，以正比计数器中空间电荷效应评估和倍增起始点确定为切入点展开相关研究可能有助于得出适用性和可靠性较好的正比放大模型。

3.3 粒子输运与倍增机制

正比计数器中粒子的输运可用玻尔兹曼方程（Boltzmann equation）来表征[73-74]：

$$\left\{\frac{\partial}{\partial t} + v \cdot \frac{\partial}{\partial r} + \frac{eE}{m}\frac{\partial}{\partial v} + J\right\} f(r,v,t) = 0 \tag{3-13}$$

式中，r 表示粒子在计数器中的位置；v 为粒子在 r 处的速度；J 是碰撞算子；$f(r, v, t)$ 是表征粒子时空变化的分布函数；e 和 m 分别为粒子的电荷和质量。

通过求解式（3-13）可以得出计数器中粒子的时空分布情况，从而推导出计数器中的空间电荷分布情况，并评估空间电荷对正比放大倍数的影响。然而，玻尔兹曼方程只有在很简单的情况下才能解析求解，在大多数时候都只能通过数值方法来解该方程[70]。为解决这一问题，拟借助粒子通量来分析正比计数器的粒子输运特性，由于粒子输运过程与流体运动类似，因而将流体力学中的连续方程应用到正比计数器粒子输运分析中。而倍增起始点的确定，则通过经典粒子输运理论和介质对电子的阻止本领来完成。

3.3.1 粒子输运分析

同心圆柱形结构正比计数器中粒子输运示意图如图3-2所示，入射辐射与计数器填充气体发生相互作用产生电子–离子对，在外加电场的作用下，电子向计数器阳极运动，离子则向阴极移动。

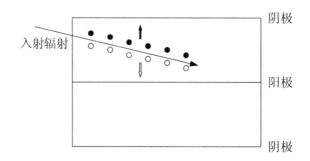

图3-2 同心圆柱形结构正比计数器中粒子输运示意图

（注：空心圆表示电子，实心圆表示离子，箭头为各自的运动方向）

鉴于玻尔兹曼方程在大多数情况下很难求得解析解，此处采用连续方程替代玻尔兹曼方程来描述计数器内部的粒子输运特性。为便于分析，此处根据电子在正比计数器中是否发生倍增将计数器内部区域分为漂移区和倍增区。

1. 漂移区

漂移区内电子的输运用连续方程表示[75]：

$$\frac{\partial \rho}{\partial t} + \frac{\partial \rho u}{\partial r} = 0 \qquad (3\text{-}14)$$

式中，ρ 表示电子密度，它是一个关于时间 t 和位置 r 的函数；u 为电子的漂移速度。

当电子输运达到稳态时，电子的密度将不会随时间而变化，即

$$\frac{\partial \rho}{\partial t} = 0 \qquad (3\text{-}15)$$

需要说明的是，式（3-15）只在计数器输出为电流信号时才成立。

将式（3-15）代入式（3-14），得

$$\rho \frac{\partial u}{\partial r} + u \frac{\partial \rho}{\partial r} = 0 \qquad (3\text{-}16)$$

在同心圆柱形结构的正比计数器中，电子的漂移速度 u 为

$$u^2 = \frac{2eU\lambda_0}{mr \ln(b/a)} \qquad (3\text{-}17)$$

将其代入式（3-16）得

$$\frac{\partial \rho}{\partial r} - \frac{1}{2r}\rho = 0 \qquad (3\text{-}18)$$

求解式（3-18），得到电子密度的通解：

$$\rho = C_1 \sqrt{r} \qquad (3\text{-}19)$$

式中，C_1 为任意常数。

为求解式（3-19），假定入射辐射在进入探测器的瞬间将损失在计数器中的全部能量都沉积在阴极并产生电子–离子对。设入射辐射的损失能量为 E_{in}，则阴极处产生的电子数为

$$n = \frac{E_{in}}{W} \qquad (3\text{-}20)$$

式中，n 为电子数；W 为产生一个电子–离子对所消耗的能量。

由式（3-19）可知，阴极处的电子数：

$$\rho_b = C_1 \sqrt{b} \qquad (3\text{-}21)$$

则可根据式（3-20）和式（3-21）得出 C_1 的值，进而得出漂移区电子密度

分布为

$$\rho = \frac{n}{\sqrt{b}}\sqrt{r} \qquad (3\text{-}22)$$

由此得到正比计数器阴极处的电子通量 Q_b：

$$Q_b = \rho_b u_b = \frac{n}{\sqrt{b}}\frac{\sqrt{2eU\lambda_0}}{\sqrt{m\ln(b/a)}} \qquad (3\text{-}23)$$

式（3-23）表明，漂移区内电子通量是一个与位置无关，只受计数器几何形状、填充气体性质、外加电压和入射辐射沉积能量影响的量。

2. 倍增区

用连续方程表示倍增区内电子的输运关系，有[72]

$$\frac{\partial \rho}{\partial t} + \frac{\partial \rho u}{\partial r} = \alpha \rho u \qquad (3\text{-}24)$$

式中，α 是汤森第一电离系数。

同样地，将稳态时电子密度随时间的变化以及电子漂移速度代入式（3-24），得

$$\frac{\partial \rho}{\partial r} - \left(\frac{1}{2r} + \alpha\right)\rho = 0 \qquad (3\text{-}25)$$

求解该一阶齐次线性方程，可得出倍增区电子的密度分布：

$$\rho = C_2\sqrt{r}\exp\left(\int \alpha \mathrm{d}r\right) \qquad (3\text{-}26)$$

式中，C_2 为任意常数。

作为漂移区和倍增区的连接，倍增起始点 c 处的电子密度在式（3-22）和式（3-26）下的计算结果应该相同，因此，可根据倍增起始点的电子密度来求解任意常数 C_2 的值。

综上，得出同心圆柱形正比计数器中电子密度分布为

$$\rho = \begin{cases} \dfrac{n}{\sqrt{b}}\sqrt{r} & c < r < b \\[2mm] \dfrac{n}{\sqrt{b}}\sqrt{r}\exp(\int_r^c \alpha \mathrm{d}r) & a < r < c \end{cases} \qquad (3\text{-}27)$$

则正比计数器阳极处的电子通量 Q_a 为

$$Q_a = \rho_a v_a = \frac{n}{\sqrt{b}} \frac{\sqrt{2eU\lambda_0}}{\sqrt{m \ln(b/a)}} \exp(\int_a^c \alpha \mathrm{d}r) \tag{3-28}$$

对比式（3-23）和式（3-28）发现，阳极和阴极处电子通量的比值正好等于计数器的正比放大倍数，这与正比计数器的正比放大特性是吻合的。因此，采用连续方程来表征正比计数器中粒子输运特性是可行且有效的。

3.3.2 空间电荷效应

由于探测器中离子的漂移速度小于电子的漂移速度，离子在阳极附近堆积，从而形成一个空间电荷场，空间电荷场的存在会造成外加电场畸变，影响计数器的电子倍增，即空间电荷效应。由式（3-27）可知，电子的分布与在计数器中所处的位置有关，而气体电离过程中产生的电子和离子总是成对出现的，因此计数器中离子的密度分布也可由式（3-27）来描述。

由式（3-27）得出阴极和阳极处的离子通量[76]：

$$Q_b' = \rho_b' u_b' = \frac{n}{\sqrt{b}} \frac{\sqrt{2eU\lambda_0}}{\sqrt{m_i \ln(b/a)}} \left(1 + \frac{m_i}{M_g}\right) \tag{3-29}$$

$$Q_a' = \rho_a' u_a' = \frac{n}{\sqrt{b}} \frac{\sqrt{2eU\lambda_0}}{\sqrt{m_i \ln(b/a)}} \left(1 + \frac{m_i}{M_g}\right) \exp(\int_a^c \alpha \mathrm{d}r) \tag{3-30}$$

式中，Q_a' 和 Q_b' 分别为阳极和阴极处的离子通量；ρ_a' 和 ρ_b' 分别为阳极和阴极处的离子密度；u_a' 和 u_b' 分别为阳极和阴极处的离子漂移速度；m_i 和 M_g 分别为离子和填充气体原子的质量。

离子的输运方向是从探测器阳极到阴极，由式（3-29）和式（3-30）可知，当探测器存在正比放大时，阳极处的离子通量（输入）会大于阴极处的通量（输出），即探测器中的空间电荷效应是由阳极与阴极之间存在离子通量差引起的。这意味着空间电荷是与正比放大伴生的，在正比计数器结构和放大倍数确定的情况下，空间电荷也就唯一确定了且存在于计数器的倍增区。因此，探测器中堆积的空间电荷数，即离子数，可根据正比计数器的放大倍数得出：

$$n_i = n(G-1) \tag{3-31}$$

式中，n_i 为空间电荷数。

空间电荷在正比计数器内部引起的电场变化可通过泊松方程来表征。为简便计算，将同心圆柱形结构的计数器简化在一维平面求解，如图3-3所示。

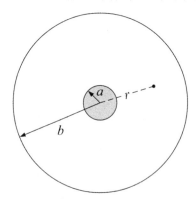

图3-3　同心圆柱形结构正比计数器的剖面图

在一维平面中，空间电荷引起的电场变化采用一维泊松方程来表征，有

$$\nabla^2 \varphi = \frac{1}{r}\frac{\mathrm{d}}{\mathrm{d}r}\left(r\frac{\mathrm{d}\varphi}{\mathrm{d}r}\right) = -\frac{\rho_s e}{\varepsilon} \tag{3-32}$$

式中，φ 表示电势，它在一维空间中是一个关于位置 r 的函数；ρ_s 为空间电荷密度；e 为基元电荷量；ε 为介电常数。

对该方程求解，得

$$\varphi(r) = \frac{\rho_s e}{\varepsilon}\frac{r^2}{4} + C_3 \ln r + C_4 \tag{3-33}$$

式中，C_3 和 C_4 为任意常数。

可根据电势的边界条件，即计数器的外加电压来求解任意常数 C_3 和 C_4：

$$\begin{cases} \varphi(a) = U \\ \varphi(b) = 0 \end{cases} \tag{3-34}$$

将其代入式（3-33），得出电势的解：

$$\varphi(r) = \frac{U \ln(b/r)}{\ln(b/a)} + \frac{\rho_s e}{4\varepsilon}\left[(r^2 - b^2) - \frac{(a^2 - b^2)\ln(b/r)}{\ln(b/a)}\right] \tag{3-35}$$

显然，该式右边第一项为不存在空间电荷的电势。

一般而言，正比计数器的电子倍增发生在阳极附近3～5倍阳极半径大小的区域内[77]。为简便计算，可将空间电荷场近似等效为一个存在计数器阴、阳两极的外加电场，其边界条件$\varphi(a)$为形成该空间电荷场所需的外加电压。根据拉普拉斯方程，空间电荷场的电势解与式（3-35）第一项类似。因此，可将式（3-35）简化为

$$\varphi(r) = \frac{U \ln(b/r)}{\ln(b/a)} - \frac{\rho_s e}{4\varepsilon}\frac{(b^2 - a^2)\ln(b/r)}{\ln(b/a)} \tag{3-36}$$

至此，得出了正比计数器中存在空间电荷时的电势分布。

空间电荷引起的电势变化为

$$\Delta\varphi = \frac{\rho_s e(b^2 - a^2)}{4\varepsilon} \tag{3-37}$$

需要注意的是，$\Delta\varphi$并不表示外加电压的实质改变，它只是对空间电荷引起有效电压变化的表征[78]。若能够求出空间电荷密度ρ_s，则有助于明确空间电荷引起的电势改变量。

由式（3-37）可得出空间电荷的电场强度为

$$E_s = \frac{\rho_s e}{4\varepsilon}\frac{(b^2 - a^2)}{r \ln(b/a)} \tag{3-38}$$

如前所述，空间电荷主要存在于倍增区且在阳极附近。假定空间电荷在阳极附近的分布可以忽略，根据高斯定理，空间电荷在圆柱形结构计数器中产生的电场强度满足：

$$E_s = \frac{\mu_s}{2\pi\varepsilon r} \tag{3-39}$$

式中，$\mu_s = n_i e/L$表征的是单位长度的电荷量，L是计数器阳极的有效长度。

易知，式（3-38）和式（3-39）是等效的，得出空间电荷密度：

$$\rho_s = \frac{2n(G-1)\ln(b/a)}{\pi L(b^2 - a^2)} \tag{3-40}$$

将其代入式（3-37）得到空间电荷效应与放大倍数之间的关系式：

$$\Delta\varphi = -\frac{2en(G-1)\ln(b/a)}{4\pi\varepsilon L} \tag{3-41}$$

由式（3-41）可知，空间电荷效应与计数器的正比放大倍数是正相关的，即正比放大倍数越大，空间电荷效应越显著。但空间电荷效应越显著，引起的有效电压变化越明显，最终会导致计数器的正比放大倍数减小。空间电荷效应也随之减弱。因此，空间电荷效应会与放大倍数相互影响，直至达到平衡。

3.3.3 粒子倍增计算

圆柱形正比计数器中的正比放大倍数常采用对数形式来表示：

$$\ln G = \int_a^c \alpha(x)\mathrm{d}x \tag{3-42}$$

式中，G 为正比放大倍数；α 为第一汤森电离系数；a 和 c 分别为阳极和倍增起始点的半径。可知，倍增起始点值的确定是计算放大倍数的关键，这里将采用经典输运理论和线性阻止本领来确定。

根据经典粒子输运理论，电子在电场中的运动过程可以用朗之万（Langevin）方程描述[79]：

$$m\frac{\mathrm{d}u}{\mathrm{d}t} = eE - Ku \tag{3-43}$$

这里，Ku 为与电子速度有关的摩擦力，它表征的是电子与探测器介质相互作用的能量损失，K 为比例系数。由此可知电子从外加电场中获得的能量为

$$E_{\mathrm{K}} = eE\mathrm{d}x - F\mathrm{d}x \tag{3-44}$$

式中，E_{K} 表示电子动能；$\mathrm{d}x$ 表示电子沿电场方向移动的距离；$F = Ku$，$F\mathrm{d}x$

表示单位距离dx中电子与探测器介质相互作用损失的能量。

式（3-44）表征的是电子在探测器介质中沿电场方向运动dx距离后获得的能量。假设dx表示电子与探测器介质两次相互作用之间沿电场方向运动的距离，则可用式（3-44）来描述电子在一次相互作用中的能量变化。由于电子与介质的相互作用是不连续的，将一次相互作用中电子的能量变化分为两部分：①电子从外电场获取的能量；②电子与介质相互作用损失获得的能量。如果电子从电场中获得的能量大于相互作用中损失的能量，那么多余的能量将转化为电子的动能。

由于电子与介质相互作用后的散射方向是各向同性的，通常认为相互作用后电子的速度为零。因此，笔者认为多余的能量（电子动能）会用于二次电离。即，当电子从电场中获得的能量大于与计数器填充气体相互作用损失的能量时，将会发生二次电离。当然，这只是对计数器中电子倍增过程的一种简化描述，实际情况要复杂得多[76]。

电子与物质相互作用中的能量损失是一个随机量，它通常由相互作用过程中能量损失的统计平均值，即阻止本领（stopping power）来表征。这里采用线性阻止本领来计算单位距离上电子与填充气体分子相互作用的能量损失，介质对电子的线性阻止本领计算公式为

$$-\frac{dE}{dx} = C_0\left\{B_{rad}\alpha Z(\tau+1) + \frac{2\pi}{\beta^2}\left[\ln\left(\frac{E_K}{I}\right)^2 + \ln\left(1+\frac{\tau}{2}\right) + F(\tau)\right]\right\} \quad (3-45)$$

式中，$C_0 = \frac{\rho' Z N_A}{A} r_e^2 m_e c^2$，$\rho'$为介质密度，$Z$和$A$分别为介质的原子序数和原子质量数，$N_A$为阿伏伽德罗常数，$r_e$是经典电子半径，$m_e$为电子静止质量，$c$为真空光速；$B_{rad}$是辐射阻止本领系数，在不同电子能量下的取值见表3-2所列；$\alpha = \frac{e^2}{4\pi\varepsilon_0\hbar c} = \frac{1}{137}$为精细结构常数；$\tau = \frac{E_K}{m_e c^2}$为电子动能与静止质量之比；$\beta = \frac{v}{c}$为电子速度$v$与光速$c$之比；$I$为介质的平均电离/激发能；$F(\tau) = (1-\beta^2)\left[1 + \frac{\tau^2}{8} - (2\tau+1)\ln 2\right]$。

表 3-2　不同电子能量范围中 B_{rad} 的取值[80]

能量范围	B_{rad}
$m_e c^2 \gg E_K$	$\dfrac{16}{3}$
$m_e c^2 \ll E_K \ll \dfrac{m_e c^2}{\alpha Z^{1/3}}$	$8\left[\ln\left(\dfrac{E_i}{m_e c^2}\right) - \dfrac{1}{6}\right]$
$E_K \gg \dfrac{m_e c^2}{\alpha Z^{1/3}}$	$4\left[\ln\left(\dfrac{183}{Z^{1/3}}\right) + \dfrac{1}{18}\right]$

对于混合物或化合物介质，其线性阻止本领为

$$\left(-\frac{dE}{dx}\right)_{tot} = \sum w_i \left(-\frac{dE}{dx}\right)_i \tag{3-46}$$

式中，$(-dE/dx)_{tot}$ 表示混合物或化合物介质的线性阻止本领；w_i 和 $(-dE/dx)_i$ 分别为混合物或化合物组成成分 i 的质量分数和线性阻止本领。

综上，当电子获得的能量大于损失能量时，将开始倍增过程，倍增起始点则是电子获得的能量与损失的能量相等的临界点。因此，倍增起始点 c 满足条件：

$$\frac{eU}{c\ln(b/a)} = \left(-\frac{dE}{dx}\right)_{tot} \tag{3-47}$$

得出了倍增起始点 c 的值后，计数器的放大倍数就可以根据倍增理论进行计算。图 3-4 给出了倍增起始点与阳极之间，电子与计数器填充气体相互作用过程中各部分能量的变化趋势。其中，计数器阳极半径为 50 μm，阴极半径为 1.25 cm，填充气体为丙烷组织等效气体（Prop-TEG），填充气体压强为 6.28 kPa，外加电压为 1 000 V。

由图 3-4 可知，自倍增起始点开始，电子与气体相互作用损失的能量逐渐减小，用于二次电离的能量逐渐增加，在阳极附近时，用于二次电离的能量与电子从电场中获得的能量几乎相同。为简便计算，忽略倍增区内电子与气体相互作用损失的能量，即自倍增区开始，电子从外电场中获得的

能量将全部用于二次电离，则有

$$\ln G = \int_a^c \alpha \mathrm{d}r = \int_a^c \frac{eE}{I}\mathrm{d}r = \frac{eU\ln(c/a)}{I\ln(b/a)} \tag{3-48}$$

至此，得出了正比计数器放大倍数的计算公式。

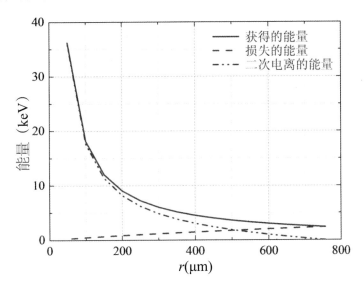

图 3-4　电子在倍增起始点和阳极之间与 Prop-TEG
气体相互作用过程中的能量变化

3.4　粒子输运与倍增机制验证

Kowalski 对组织等效正比计数器进行了长期的研究，并发布了不同条件下填充不同组织等效气体的组织等效正比计数器中气体放大倍数的实测数据[56]。这给验证推导的正比计数器中粒子输运与倍增机制理论模型提供了强有力的支撑。因此，在关于粒子输运与倍增机制的验证中，将以 Kowalski 的数据为依托完成相关结果的论证与分析工作。

$$\boxed{3.4.1}$$ 计数器的相关参数

在开展相关验证工作之前，首先对 Kowalski 使用的组织等效正比计数器进行简要的介绍。Kowalski 在研究中使用的同心圆柱形正比计数器的结构如图 3-5 所示。探测器的阴极用厚度为 3 mm 的铜板制成，阴极内径为 25 mm，阳极为镀金钨丝，半径分别为 50 μm 和 24 μm，探测器的有效长度为 250 mm。探测器的上方有一个铍窗。

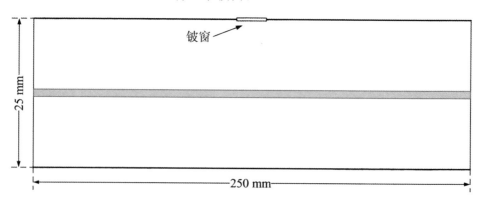

图 3-5　Kowalski 在实验中使用的正比计数器的结构示意图

实验中使用的是 Fe-55 放射源，作为参照，一些测量中也使用了 Sr-90/Y-90 放射源。填充气体分别是甲烷组织等效气体和丙烷组织等效气体，气压范围为 9~60 hPa，填充气体压强通过分辨率为 0.1 hPa 的 SETRA-280E 型气压传感器来调节。输出电流则采用分辨率为 10 fA 的 Keithley-6485 皮安计读出，通过计数器漂移区和正比区的电流比来计算正比计数器的放大倍数。放大倍数的不确定度约为 2.5%[56]。由于数据量较大，此处仅使用填充丙烷组织等效气体的数据来完成推导理论的验证。另外，Mazed 在填充 $Ar+CO_2$（5%）混合气体的涂硼正比计数器中得到的数据也用来验证推导结果的可靠性和适用性，其使用的探测器为 LND 公司的 232 型商用探测器，相关参数见参考文献 [57]。

3.4.2 倍增起始点的确定

正比计数器中粒子倍增的临界条件为：电子从外加电场获得的能量与电子和填充气体相互作用损失的能量相等。由式（3-45）可知，电子与物质相互作用的能量损失取决于电子能量（动能）。关于丙烷组织等效气体对不同能量电子的阻止本领，美国国家标准与技术研究院（National Institute of Standards and Technology，NIST）ESTAR 数据库提供了相关数据，如图3-6所示[81]。

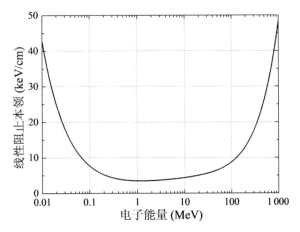

图3-6　Prop-TEG气体对不同能量电子的阻止本领

由图3-6可知，电子能量小于1.25 MeV时，丙烷组织等效气体对电子的阻止本领随着电子能量的增加而逐渐减小；电子能量大于1.25 MeV时，丙烷组织等效气体对电子的阻止本领随着电子能量的增加而逐渐增大。在正比计数器的电子倍增过程中，电子从外加电场中获得的能量远小于1.25 MeV，而丙烷组织等效气体对能量低于1.25 MeV电子的阻止本领并无明显的变化规律，且压强的变化也会造成填充气体密度的改变。因此，正比计数器倍增起始点的确定需根据填充气体的具体参数来完成。

在线性阻止本领的计算中，低压填充气体的密度可根据理想气体的物态方程来确定，计算表达式如下：

$$p = \frac{\rho'}{M} RT \tag{3-49}$$

式中，M 为气体的摩尔质量；T 为开尔文温度；R 为普适气体常数，在国际单位制中，$R = 8.314\ 5\ \text{J·mol}^{-1}\text{·K}^{-1}$。

至此，关于正比计数器正比放大倍数验证所需要的相关计算公式及参数已经全部给出，下面将完成推导的正比放大工作机制的验算工作。

3.4.3 验证结果与分析

关于组织等效正比计数器粒子输运与倍增机制的验证主要分为两部分：首先，根据推导的理论完成计数器正比放大倍数的理论计算，并与实验结果进行对比，观察理论结果与实验数据的吻合情况；其次，对理论计算结果进行空间电荷效应修正后，检验理论结果与实验数据的吻合度。由式（3-48）得出的计数器的组织等效正比计数器放大倍数与 Kowalski 的实验结果的对比分别如图3-7和图3-8所示。作为参照，理论结果与 Mazed 的实验结果对比如图3-9所示。

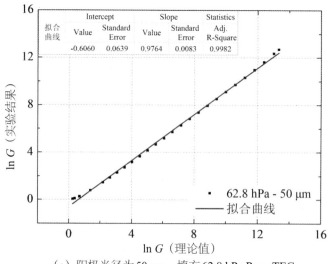

（a）阳极半径为50 μm、填充62.8 hPa Prop-TEG
气体的组织等效正比计数器

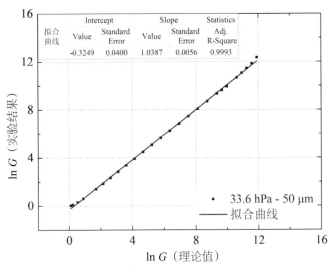

（b）阳极半径为 50 μm、填充 33.6 hPa Prop-TEG
气体的组织等效正比计数器

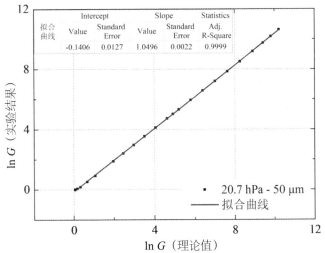

（c）阳极半径为 50 μm、填充 20.7 hPa Prop-TEG
气体的组织等效正比计数器

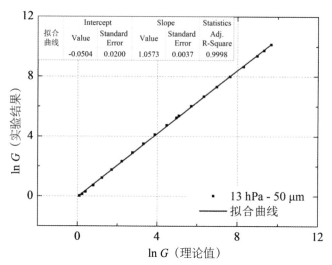

（d）阳极半径为50 μm、填充13 hPa Prop-TEG
气体的组织等效正比计数器

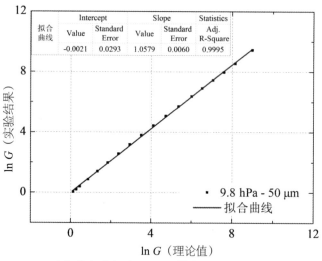

（e）阳极半径为50 μm、填充9.8 hPa Prop-TEG
气体的组织等效正比计数器

图3-7 不同气压下阳极半径为50 μm的填充Prop-TEG气体的组织等效正比计数器
放大倍数理论结果与Kowalski实验数据的对比

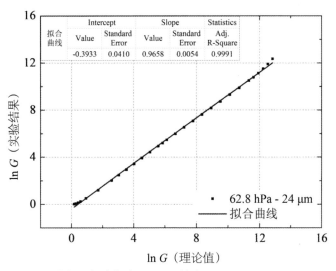

（a）阳极半径为24 μm、填充62.8 hPa Prop-TEG
气体的组织等效正比计数器

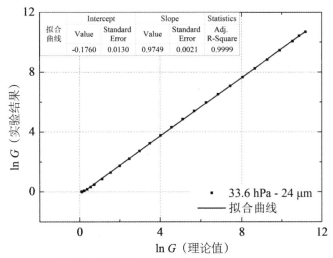

（b）阳极半径为24 μm、填充33.6 hPa Prop-TEG
气体的组织等效正比计数器

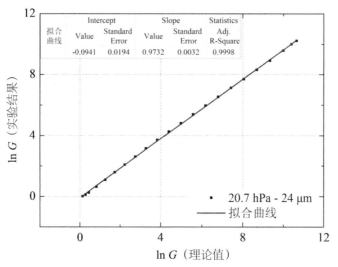

（c）阳极半径为24 μm、填充20.7 hPa Prop-TEG
气体的组织等效正比计数器

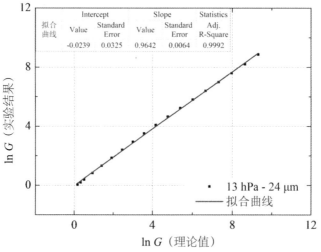

（d）阳极半径为24 μm、填充13 hPa Prop-TEG
气体的组织等效正比计数器

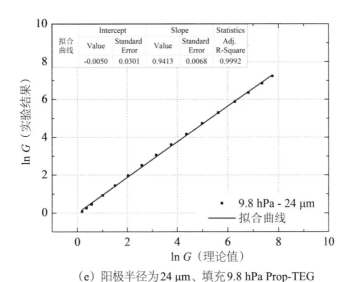

（e）阳极半径为24 μm、填充9.8 hPa Prop-TEG
气体的组织等效正比计数器

图3-8 不同气压下阳极半径为24 μm的填充Prop-TEG气体的组织等效正比计数器放大倍数理论结果与Kowalski实验数据的对比

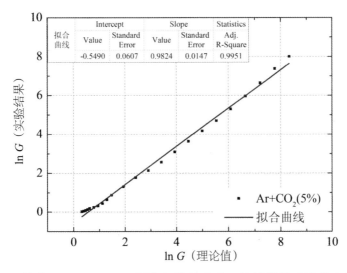

图3-9 填充Ar+CO₂（5%）混合气体的涂硼正比计数器理论放大倍数与Mazed实验数据对比

如图3-7、图3-8、图3-9所示，推导的正比计数器放大倍数计算结果与实验数据拟合曲线的斜率均接近1，且拟合曲线的修正相关系数均在0.995以上。这表明这里给出的正比放大倍数的计算方法与实际倍增过程有较好的吻合度。如3.3.2小节所述，正比放大会导致计数器内部存在空间电荷，空间电荷效应会与放大倍数相互影响直至达到平衡。因此，实验数据应当是空间电荷与正比放大达到平衡态的结果。如果对理论结果进行空间电荷效应修正，那么有可能提高理论值与实验数据的吻合度。修正步骤如下：

①将放大倍数的理论计算结果代入式（3-41），求解空间电荷引起的有效电压$\Delta\varphi$；

②计算电压$U-\Delta\varphi$下的理论放大倍数，对比理论值与实验值之间的拟合程度（斜率）；

③重复上述过程，直至理论结果与实验数据之间的拟合程度不再变化。

此时，得到的理论放大倍数为空间电荷与正比放大达到平衡态时的结果。为避免论述过于冗长，此处只选用了几组数据进行空间电荷效应修正，结果如图3-10所示。

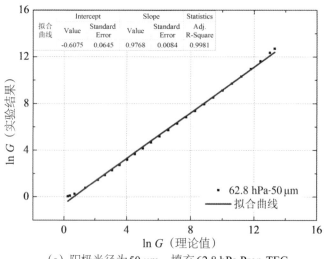

（a）阳极半径为50 μm、填充62.8 hPa Prop-TEG
气体的组织等效正比计数器

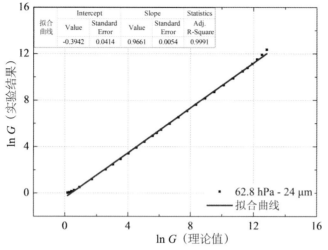

（b）阳极半径为24 μm、填充62.8 hPa Prop-TEG
气体的组织等效正比计数器

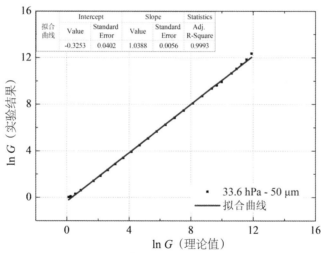

（c）阳极半径为50 μm、填充33.6 hPa Prop-TEG
气体的组织等效正比计数器

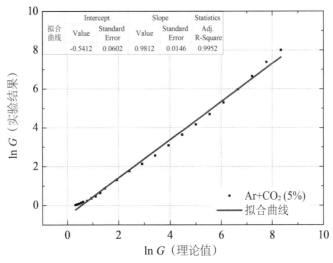

拟合曲线	Intercept		Slope		Statistics
	Value	Standard Error	Value	Standard Error	Adj. R-Square
	-0.5412	0.0602	0.9812	0.0146	0.9952

（d）填充Ar+CO₂（5%）混合气体的涂硼正比计数器

图3-10　空间电荷效应修正后计数器放大倍数的理论结果与实验数据对比

图3-10给出了空间电荷效应修正后计数器放大倍数的理论值与实验数据的对比结果。修正后，拟合曲线的斜率和相关系数变化并不明显。因此，很难得出空间电荷效应修正后的理论结果与实验数据更吻合的结论。综上，笔者认为在给出的工作条件下，这两种正比计数器的空间电荷效应对放大倍数的影响较小。为验证该结论，根据式（3-41）计算了空间电荷引起的有效电压变化值，并评估了其对外加电场的影响，结果如图3-11所示。

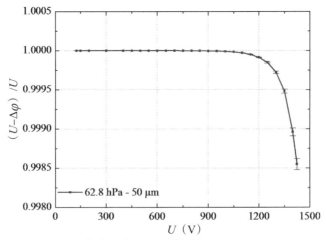

（a）阳极半径为50 μm、填充62.8 hPa Prop-TEG
气体的组织等效正比计数器

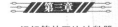

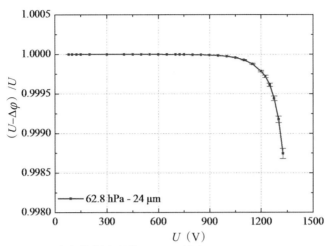

（b）阳极半径为24 μm、填充62.8 hPa Prop-TEG
气体的组织等效正比计数器

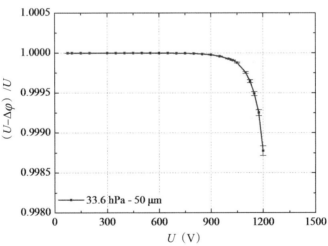

（c）阳极半径为50 μm、填充33.6 hPa Prop-TEG
气体的组织等效正比计数器

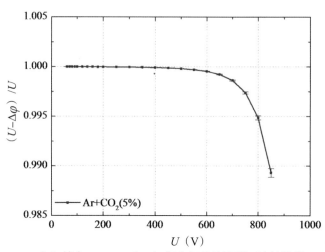

（d）填充 $Ar+CO_2$（5%）混合气体的涂硼正比计数器

图3-11 空间电荷引起的有效电压变化情况

由图3-11可知，空间电荷引起的有效电压最大变化量与外加电压的比值除在填充 $Ar+CO_2$（5%）气体的涂硼正比计数器中约为0.989外，在填充丙烷组织等效气体的组织等效正比计数器中均不超过0.999 0。由此可知，空间电荷效应引起的有效电压变化对外加电压的影响较小。这就意味着这两种正比计数器在给出的工作条件下，空间电荷效应对正比放大倍数的影响很小，几乎可以忽略不计。

综上，基于连续方程和线性阻止本领推导的组织等效正比计数器的粒子输运与倍增模型能较好地表征正比计数器中的粒子输运与倍增机制，并能较为准确地评估计数器空间电荷效应对正比放大倍数的影响，一定程度上实现了对现有正比计数器粒子输运与倍增模型的补充。

第四章

固体微剂量探测器

固体微剂量探测器主要是基于半导体技术发展而来的。最早采用硅半导体制备微剂量探测器，而随着金刚石合成技术的发展，金刚石半导体也逐渐引起学者们的关注。目前，固体微剂量探测器主要有硅基和金刚石基两种。相较于组织等效正比计数器，固体微剂量探测器最突出的优点是其灵敏体积可以制成微米大小，因而能满足高强度辐射场的测量要求，如放射治疗。另外，通过对探测器进行阵列配置，可以在对入射粒子束进行二维表征的同时实现亚毫米级的空间分辨率[30]。但需要说明的是，固体微剂量探测器并不能胜任低 LET 辐射场中的线能分布测量，因为其探测器和耦合前放引入的噪声会导致它的最小探测能量相对较高。因此，固体微剂量探测器与组织等效正比计数器在性能上存在一定的互补。

固体微剂量探测器中，由于硅和金刚石材料特性的不同，硅基和金刚石基微剂量探测器的性能也存在差异。例如，硅的平均电离能（3.6 eV）小于金刚石的平均电离能（13 eV），导致硅微剂量探测器的灵敏度和能量分辨率要优于金刚石探测器。而金刚石因为其有效原子序数（$Z = 6$）与生物组织（$Z_{eff} = 5.92$）接近，所以其材料组织等效性要远好于硅微剂量探测器[82]。一般来说，硅与金刚石的平均电离能不同，辐射产生的电信号也存在差异，为了定量地评价这种差异及其产生的机理，结合相关理论完成了硅与金刚石微剂量探测器的电学特性分析与对比。此外，鉴于探测器材料的辐射响应的组织等效性对准确获取生物组织中沉积能量分布的重要性，本章也结合相关理论开展了硅和金刚石材料的组织等效性的研究，进一步揭示硅与金刚石材料组织等效性差异的根源及影响机理。

4.1 工作特性

固体微剂量探测器通常采用的是PIN结构，入射粒子在本征I区产生电子–空穴对，电子和空穴在外加电场的作用下向对应电极移动。其漂移速度会随电场强度增大而增加，但当电场强度较高时，载荷子漂移速度的增速会逐渐变缓并趋于零。即在高电场下，金刚石中载荷子的漂移速度会趋于饱和。漂移速度可通过式（4-1）进行计算[83]：

$$v = \frac{\mu_0 E}{1 + \frac{\mu_0 E}{v_s}} \tag{4-1}$$

式中，μ_0 表示载荷子（电子、空穴）的迁移率；v_s 为载荷子的饱和速度；E 为外加电场强度。图4-1中给出了硅半导体中载荷子（电子、空穴）漂移速度随外加电场变化的曲线。

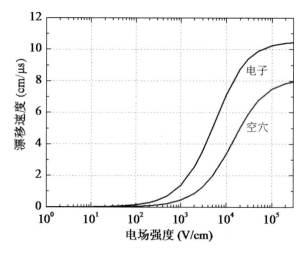

图4-1　硅半导体中载荷子漂移速度随电场强度变化曲线

此外，由于半导体材料中杂质浓度和晶格缺陷等因素的影响，电子和空穴在迁移的过程中会被俘获，因此收集的电荷少于辐射产生的电荷。因此，对于半导体的性能评价，有两个比较重要的指标：一是电荷收集效率，二是电荷收集距离。

1. 电荷收集效率

电荷收集效率（charge collection efficiency，CCE）指的是探测器收集到的电荷量与入射辐射在探测器中产生的电荷量的比。它受金刚石中的杂质浓度和晶格缺陷等因素的影响，因此，它也是衡量金刚石探测器性能的重要参数之一。

$$\eta = \frac{Q_{\mathrm{coll}}}{Q_{\mathrm{pro}}} \tag{4-2}$$

式中，η 为电荷收集效率；Q_{coll} 为探测器收集到的电荷量；Q_{pro} 为入射辐射在探测器中产生的电荷量。对于辐射信号正比放大而言，Q_{pro} 为入射辐射和次级电离产生的电荷量总和。

探测器收集到的电荷可以用赫克特（Hecht）模型来表示，由该模型得到的电荷收集效率为[84]

$$\eta = \frac{\mu\tau V}{d^2}\left[1 - \exp\left(-\frac{d^2}{\mu\tau V}\right)\right] \tag{4-3}$$

式中，d 表示在两电极间探测器材料的厚度，τ 表示载荷子的寿命。对式（4-3）进行变换可得出电荷收集效率与载荷子漂移速度（μE）之间的关系：

$$\eta = \frac{\mu\tau E}{d}\left[1 - \exp\left(-\frac{d}{\mu\tau E}\right)\right] \tag{4-4}$$

图 4-2 显示了电荷收集效率随载荷子漂移速度（μE）和材料厚度（d）的变化趋势。由图 4-2（a）可知，电荷收集效率随漂移速度的增大而增加，在漂移速度较高时会逐渐趋于饱和。而图 4-2（b）则显示，电荷收集效率会随着材料厚度的增加而逐渐减小，最后趋于稳定。如前面所述，当探测器灵敏体积相同且外加电压一致时，圆柱形结构的材料厚度会小于平行板结构，而载荷子的平均漂移速度则会大于平行板结构。因而，相同条件下改变探测器的结构有助于提升金刚石微剂量探测器的电荷收集效率。

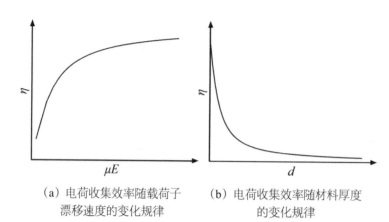

（a）电荷收集效率随载荷子　　　　（b）电荷收集效率随材料厚度
　　　漂移速度的变化规律　　　　　　　的变化规律

图4-2　电荷收集效率随载荷子漂移速度和材料厚度的变化规律

2. 电荷收集距离

电荷收集距离（charge collection distance，CCD）是衡量金刚石微剂量探测器性能的主要指标之一，表征的是电离产生的电子和空穴在复合或被陷阱中心俘获前所迁移的平均距离。电荷收集距离用公式表示为

$$D = (\mu_e \tau_e + \mu_h \tau_h)E \tag{4-5}$$

式中，D 为电荷收集距离；μ_e 和 μ_h 分别为电子和空穴的迁移率；τ_e 和 τ_h 分别为电子和空穴的寿命；E 为电场强度[85]。

载荷子迁移率可以根据电场中的漂移速度来推导，载荷子漂移速度为[79]

$$u = \frac{eE\lambda_0}{mv} \tag{4-6}$$

式中，u 为载荷子漂移速度；λ_0 为载荷子与探测器介质两次碰撞间的平均自由程；m 为载荷子质量；v 为载荷子的平均漂移速度，通常 $v = u/2$。

由式（4-6）可得到载荷子的迁移率μ：

$$\mu = \frac{v}{E} = \frac{\sqrt{e\lambda_0}}{\sqrt{2m}} \frac{1}{\sqrt{E}} \tag{4-7}$$

可知，载荷子的迁移率（μ）与电场强度平方根的倒数成正比，如图4-3（a）所示。而漂移速度（μE）随电场强度的变化趋势如图4-3（b）所示。

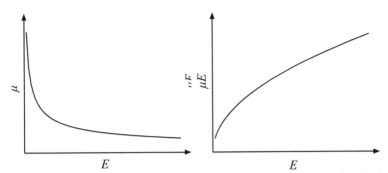

（a）迁移率随电场强度的变化规律　（b）漂移速度随电场强度的变化规律

图4-3　载荷子迁移率和漂移速度随电场强度的变化规律

由图4-3可知，载荷子的迁移率会随电场强度增加逐渐趋于恒定，而载荷子漂移速度（μE）则会随电场强度增加而逐渐增加。这表明，在电场强度较大时，电荷收集距离在电场强度超过某一值后会趋于恒定。

4.2　探测器电学响应特性

入射粒子在固体微剂量探测器灵敏体积内产生的电子−空穴对在外加电场的作用下向对应电极漂移并被电极迅速收集，从而产生一个电流脉冲信号。但需要注意的是，电极上的感应电流并不是由收集到的电荷决定的，而是由空间电荷的移动而产生的。由于正、负载荷子（电子、空穴）在电极间朝着相反的方向运动，其在电极上的感应电荷刚好叠加，电荷总量正好是正、负载荷子的总电荷。因此，两个电极的电荷之和等于载荷子的总电荷量[86]。

4.2.1　感应信号特性

由肖克利−拉莫（Shockly-Ramo）定理可知，探测器中由正、负载荷子

迁移产生的感应电流为[87]

$$i = evE_w \qquad (4\text{-}8)$$

式中，i 为感应电流；e 为基元电荷量；v 为载荷子的瞬时速度；E_w 为加权电场强度，它表示当载荷子移除后，收集电极为单位电势，其余电极接地时的电压。

当载荷子从探测器灵敏体积中 a 点移动到 b 点时，产生的感应电荷为[86]

$$Q = -\int_a^b i\,\mathrm{d}t = q[\varphi(a) - \varphi(b)] \qquad (4\text{-}9)$$

式中，$\varphi(a)$ 表示 a 点的加权电势。因此，由粒子入射产生的载荷子的感应电荷可通过对式（4-9）进行积分得出：

$$Q = \int_a^b \rho(a)[\varphi(a) - \varphi(b)] \qquad (4\text{-}10)$$

式中，$\rho(a)$ 表示 a 点的载荷子密度。

假设探测器为平板结构且灵敏体积的厚度为 d，如图4-4所示。根据拉普拉斯方程，可知加权电势是一个关于载荷子移动距离的线性函数：

$$\varphi(x) = \frac{x}{d} \qquad (4\text{-}11)$$

式中，x 表示载荷子处在探测器中的位置。

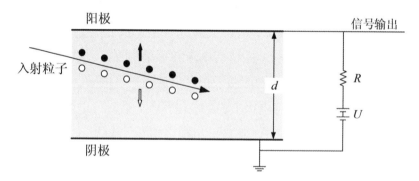

图4-4　探测器的原理图

如果入射粒子在探测器中沉积能量产生的电子-空穴对数目为 n，那么探测器中的载荷子密度可表示为

$$\rho(x) = \frac{ne}{d} \tag{4-12}$$

将其代入式（4-10）中，得出电子和空穴的感应电荷分别为

$$Q_e(t) = -\frac{nev_e^2}{2d^2}t^2 + \frac{nev_e}{2}t \tag{4-13}$$

$$Q_h(t) = -\frac{nev_h^2}{2d^2}t^2 + \frac{nev_h}{2}t \tag{4-14}$$

式中，$Q_e(t)$ 和 $Q_h(t)$ 分别为电子、空穴迁移引起的感应电荷；v_e 为电子的漂移速度；v_h 为空穴的漂移速度。

综上，可得出探测器因载荷子迁移引起的感应电荷总量为

$$Q(t) = Q_e(t) + Q_h(t) = \frac{neU}{d^2}(\mu_e + \mu_h)t - \frac{neU^2}{2d^4}(\mu_e^2 + \mu_h^2)t^2 \tag{4-15}$$

式中，U 为外加电压；μ_e 和 μ_h 分别为电子和空穴的迁移率。需要说明的是，由于电子的迁移率大于空穴，电子漂移的时间要小于空穴的漂移时间。因此，当电子被收集后，感应电荷量的变化主要受空穴迁移的影响。这也使得感应电荷的变化趋势会有一个明显放缓的过程，如图4-5所示。

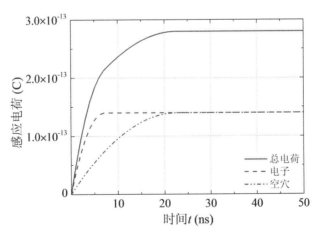

图4-5　硅微剂量探测器中感应电荷随时间的变化情况（$U = 10\,\text{V}$，$d = 100\,\mu\text{m}$）

根据电流的定义公式，可由式（4-15）得出感应电流为

$$i(t) = \frac{neU}{d^2}(\mu_e + \mu_h) - \frac{neU^2}{d^4}(\mu_e^2 + \mu_h^2)t \tag{4-16}$$

式中，$i(t)$表示入射粒子在探测器中产生的感应电流信号。图4-6给出了硅微剂量探测器感应电流随时间的变化情况。

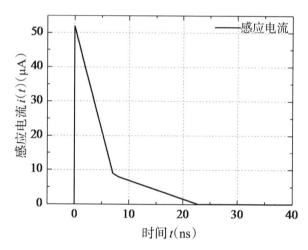

图4-6　硅微剂量探测器中感应电流随时间的变化情况（$U = 10\,\text{V}$，$d = 100\,\mu\text{m}$）

由于空穴漂移速度小于电子，信号采集时间主要受空穴迁移的影响，因此，可根据空穴迁移推出信号的理论采集时间

$$t_c = \frac{d^2}{U\mu_h} \tag{4-17}$$

式中，t_c表示感应信号的采集时间。

4.2.2　电荷俘获效应

如前面所述，半导体器件中存在杂质或者晶格缺陷等会导致载荷子在迁移的过程中被俘获。为了解电荷俘获对感应信号的影响，假设半导体材料中这些载荷子俘获阱在材料中是均匀随机分布的，且载荷子一旦被俘获便湮灭在材料中。假设载荷子在俘获前的迁移时间（寿命）为τ，则探测器中的载荷子密度为[86]

$$\rho(x) = \frac{ne}{d}\exp\left(-\frac{t}{\tau}\right) \tag{4-18}$$

将其代入式（4-10）中，得出存在俘获效应时电子和空穴的感应电荷：

$$Q_{ec}(t) = \frac{neU^2}{d^4}\mu_e^2\tau_e^2\left[\left(1+\frac{t}{\tau_e}\right)\exp\left(\frac{-t}{\tau_e}\right)-1\right] + \frac{neU}{d^2}\mu_e\tau_e\left[1-\exp\left(\frac{-t}{\tau_e}\right)\right] \tag{4-19}$$

$$Q_{hc}(t) = \frac{neU^2}{d^4}\mu_h^2\tau_h^2\left(1+\frac{t}{\tau_h}\right)\left[\exp\left(\frac{-t}{\tau_h}\right)-1\right] + \frac{neU}{d^2}\mu_h\tau_h\left[1-\exp\left(\frac{-t}{\tau_h}\right)\right] \tag{4-20}$$

式中，$Q_{ec}(t)$ 和 $Q_{hc}(t)$ 分别为存在俘获效应时由电子、空穴迁移引起的感应电荷。

因此，存在俘获效应时的感应电荷总量为

$$
\begin{aligned}
Q_c(t) = {} & \frac{neU}{d^2}\left\{\mu_e\tau_e\left[1-\exp\left(\frac{-t}{\tau_e}\right)\right]+\mu_h\tau_h\left[1-\exp\left(\frac{-t}{\tau_h}\right)\right]\right\} \\
& + \frac{neU^2}{d^4}\left\{\mu_e^2\tau_e^2\left[\left(1+\frac{t}{\tau_e}\right)\exp\left(\frac{-t}{\tau_e}\right)-1\right]+\mu_h^2\tau_h^2\left[\left(1+\frac{t}{\tau_h}\right)\exp\left(\frac{-t}{\tau_h}\right)-1\right]\right\}
\end{aligned} \tag{4-21}
$$

式中，$Q_c(t)$ 表示存在俘获效应时探测器收集到的感应电荷总量。

同样地，得出感应电流为

$$i_c(t) = \frac{neU}{d^2}\left(\mu_e e^{-\frac{t}{\tau_e}}+\mu_h e^{-\frac{t}{\tau_h}}\right) - \frac{neU^2}{d^4}\left(\mu_e^2 t e^{-\frac{t}{\tau_e}}+\mu_h^2 t e^{-\frac{t}{\tau_h}}\right) \tag{4-22}$$

式中，$i_c(t)$ 表示存在俘获效应时探测器的感应电流。

信号采集时间为

$$t_c = \frac{d^2}{U\mu_h} \tag{4-23}$$

结果发现，俘获效应不影响信号的采集时间。图4-7和图4-8给出了半导体器件中存在俘获效应时感应电荷和感应电流的变化。

由图4-7可知，俘获效应会导致收集到的感应电荷量减少，其中，贡献最大的是空穴，因为空穴的迁移率小，在迁移过程中更容易被电位阱俘获，从而湮灭在半导体材料中。因此，在半导体探测器的设计和开发中，需要对电荷的俘获效应进行关注。俘获效应对电流信号的影响主要体现在信号后端的衰减部分，在电子向阳极迁移时，电流信号相对于无俘获效应时衰减得更快（图4-8折线左部）；而当电子被收集，仅剩空穴迁移时，电流信号衰减速度相对于无俘获效应时更缓（图4-8折线右部）。因此，在半导体探测器前置放大器的设计中，考虑采用电流灵敏放大理论上可以降低半导体材料缺陷对信号幅值的影响，提高信号的信噪比。

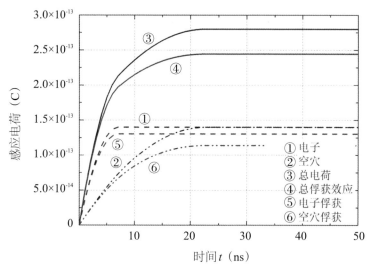

图4-7 俘获效应对感应电荷的影响
（注：探测器材料及配置与图4-5相同）

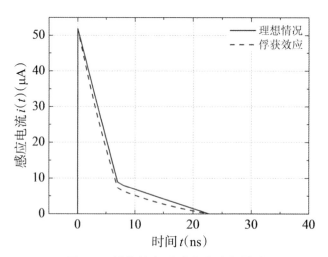

图4-8 俘获效应对感应电流的影响
（注：探测器材料及配置与图4-6相同）

4.2.3 硅与金刚石感应信号对比

硅与金刚石作为固体微剂量探测器中的两种主要材料，它们的材料特性并不相同，表4-1列出了硅和金刚石材料的主要材料特性指标[85]。由表4-1可知，金刚石探测器的带隙更大（5.47 eV），探测器的暗电流更小；金刚石的介电常数也较小，这表明金刚石探测器的电容小，可以获得更好的噪声性能。这也是金刚石被认为是下一代强辐射场测量理想探测器材料的原因[88]。当然，这并不意味着硅半导体材料就不具备优势。表4-1中，硅的平均电离能较小，因而它具有响应速度快、能量分辨率高的特点。因此，两者的优劣并不能一概而论。不过，开展两者的性能对比可以帮助我们在实际应用时选择更合适的探测器。本小节将结合前述内容围绕硅和金刚石的电学响应特性进行分析对比。

表4-1　硅和金刚石的材料特性对比

材料	硅	金刚石
密度（g/cm³）	2.33	3.515
平均电离/激发能（eV）	173	81
禁带宽度（eV）	1.12	5.47
平均电离能（eV）	3.6	13
电阻率（Ω/cm）	2.3×10^5	$10^{13} \sim 10^{16}$
介电常数（$10^2 \sim 10^4$ Hz）	11.9	5.7
辐射长度（cm）	9.4	12.2
击穿电压（V/cm）	3×10^5	10^7
平均信号产生（μm^{-1}）	89	36

由于俘获效应对感应信号的采集及电流信号的峰值影响很小，且金刚石和硅材料中载荷子寿命之间的差异存在不确定性，因此在进行金刚石和硅微剂量探测器电学响应特性的对比分析时，并未考虑半导体材料的俘获效应。鉴于目前金刚石微剂量探测器主要采用CVD金刚石，因此，此处选用CVD金刚石作为硅的对比材料。此外，考虑到合成技术对性能的影响，此处也选用了天然金刚石材料作为参照。根据相关资料，天然金刚石、CVD金刚石以及硅的载荷子迁移率和饱和速度见表4-2[89-92]所列。

表4-2　硅与金刚石中载荷子迁移率及饱和速度

材料	迁移率（cm²·V⁻¹·s⁻¹）		饱和速度（cm·s⁻¹）	
	电子	空穴	电子	空穴
硅	1 450	450	1.05×10^{7}	8.1×10^{6}
CVD金刚石	4 500	3 800	2.6×10^{7}	1.57×10^{7}
天然金刚石	2 800	2 100	1.5×10^{7}	1.1×10^{7}

在硅与金刚石感应信号的对比中，探测器的大小（100 μm ×100 μm ×100 μm）及外加条件均相同。但由于金刚石和硅的阻止本领存在差异，入射辐射在两者中产生的电子-空穴对会存在差异，因此，根据硅和金刚石中沉积能量的不同，将感应信号的对比分为以下三种情况分别讨论[93]：

① 入射粒子能穿过硅和金刚石；

② 入射粒子穿过硅但停留在金刚石中（金刚石阻止本领大于硅）；

③ 入射粒子停留在硅和金刚石中。

根据上述三种情况计算，入射粒子在硅和金刚石中产生的电子-空穴对比如图4-9所示，此处以质子入射为例分析和探讨硅和金刚石中感应信号的特性。

图4-9给出了入射质子在硅和金刚石中产生的电子-空穴对比值随入射

能量变化的情况。其中，Ⅰ区表示质子均停止在硅和金刚石中，此时，质子在硅和金刚石中的沉积能量相同，因此，它们之间电子-空穴对比是两者平均电离能之比的倒数。区间Ⅱ表示质子穿过硅但停止在金刚石中的情况，这时硅和金刚石中产生的电子-空穴对比会随着入射质子能量的增加逐渐减小。Ⅲ区表示入射质子同时穿过硅和金刚石的情况，此时硅和金刚石中电子-空穴对比随着入射质子能量的增加而逐渐变大。因此，分别以上述三种情况完成硅和金刚石中感应信号特性的对比。

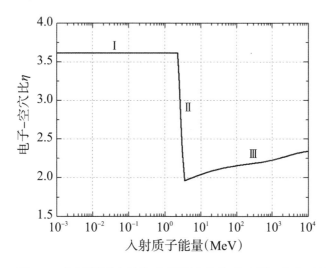

图4-9 入射质子在硅和金刚石中产生的电子-空穴对比

在不考虑俘获效应的情况下，探测器收集的电荷总量与入射质子产生的电荷量是相等的，因此，硅和金刚石中总感应电荷的情况也可通过图4-9来描述。不过，硅和金刚石中感应电荷的采集时间会受到外界条件的影响。根据式（4-15），硅和金刚石中感应电荷采集时间随外加电场的变化情况如图4-10所示。由图4-10可知，随着外加电场的增加，信号采集时间逐渐减小，当外加电场达到一定值时，由于载荷子漂移速度接近饱和速度，信号采集时间逐渐趋于恒定。此外，由于金刚石载荷子迁移率大于硅，金刚石探测器中的感应信号能被更快地收集，这表明金刚石探测器比硅半导体探测器更适用于高计数率的场合。而随着金刚石合成技术的发展，基于CVD金刚石的辐射探测器的信号采集时间进一步缩短，迁移率更高，其信号采集时间更短。

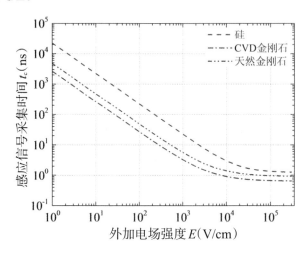

图4-10　硅和金刚石中感应信号采集时间随外加电场强度的变化

在硅与金刚石探测器感应电流信号的对比中，由于感应电流是一个随时间变化的衰减信号，因此，以感应电流信号峰值进行对比。由式（4-16）知，感应电流信号的峰值为

$$i_A = \frac{neU}{d^2}(\mu_e + \mu_h) \qquad (4\text{-}24)$$

式中，i_A表示感应电流的峰值。

由式（4-24）可知，感应电流的峰值与电子–空穴对数目成正比。因此，在硅与金刚石探测器感应电流信号的对比中，根据前述三种情况分别在电子–空穴比为3.61（Ⅰ区）、2.74（Ⅱ区）、2.01（Ⅲ区）时计算了硅和金刚石中感应电流信号峰值随外加电压的变化情况，结果如图4-11所示。

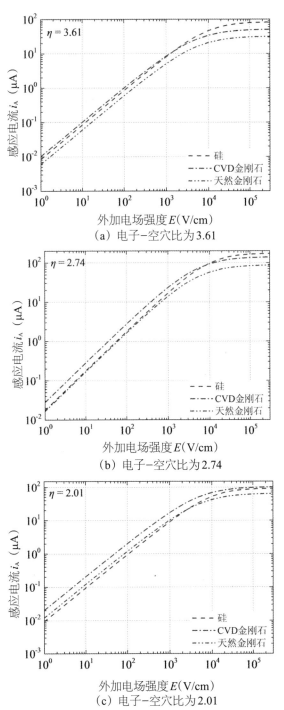

图4-11 不同电子-空穴比下硅和金刚石中感应信号幅值随外加电场强度的变化情况

由图4-11可知，随着外加电场强度的增大，感应电流信号的峰值也逐渐增大，但随着载荷子漂移速度逐渐趋于饱和，感应电流信号峰值随外加电场强度的增加逐渐趋于恒定。另外，由于合成金刚石的载荷迁移速率大于天然金刚石，CVD金刚石的感应电流信号峰值始终大于天然金刚石。而硅和金刚石由于载荷子数目以及迁移率的差异，两者在不同情况下呈现的性能略有差异。当两者沉积能量相同时［图4-11（a）］，硅半导体中的感应电流信号峰值在低电场时小于CVD金刚石，而随着外加电场的增大，两者之间的差距逐渐缩小，在高电场时（载荷子漂移速度接近饱和），硅的感应电流信号大于CVD金刚石的感应电流。此外，在该情况下，硅的感应电流信号始终大于天然金刚石。对于入射质子穿透硅而停止在金刚石的情况［图4-11（b）］，硅与金刚石中的感应电流信号呈现出与图4-11（a）中类似的情形，唯一不同的是，随着电子-空穴比的减小，硅中感应电流信号的峰值逐渐接近天然金刚石。而随着电子-空穴比的进一步减小，硅中感应电流信号的峰值呈现出低电场小于天然金刚石、高电场大于天然金刚石的情况［图4-11（c）］。通常，为避免探测器电子噪声干扰，微剂量探测器外加电场通常较小，因此，对实验微剂量学而言，金刚石，尤其是CVD金刚石的电学响应特性似乎更优于硅。当然，微剂量探测器的开发和应用是一项很系统的工作，探测器性能还会受到耦合电子学、制造工艺、能量分辨率等的综合影响，因此需结合实际需求进行综合考虑。

4.3 材料组织等效性

Kellerer[94]指出，介质中沉积能量分布可以通过对能量损失分布进行修正得到，鉴于获取准确的修正项较为繁杂，因此，可采用能量损失分布来对沉积能量分布进行近似。由于表征带电粒子在薄介质和中厚介质中沉积

能量分布的函数较为复杂，为简便分析，以质子在探测器介质/生物组织中沉积能量分布服从高斯函数为例，分析固体微剂量探测器的组织等效性。由于水体通常被认为是人体组织良好的近似物[9]，因此，在分析硅和金刚石的组织等效性时，以水体作为组织等效的参照物。硅与水体和金刚石与水体对质子的阻止本领之比如图4-12所示。结果显示，两种介质与水体的线性阻止本领比随着入射质子能量的改变而变化，金刚石与水的阻止本领比为3～3.5，硅与水的阻止本领比则为1.3～2。因此，不能直接通过对比硅、金刚石和水体中的能量沉积分布来进行材料组织等效性评价。根据沉积能量分布特性，当平均沉积能量确定时，沉积能量分布主要取决于沉积能量的方差[93]。为此，采用对比沉积能量相同时，硅、金刚石和水体中沉积能量分布形状及方差来完成材料组织等效性的评估。

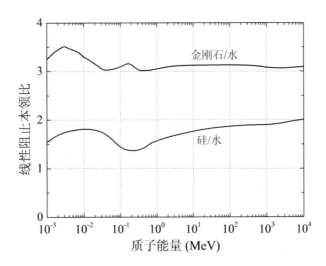

图4-12　探测器介质与水对不同能量质子的阻止本领之比

通常，能量损失分布的高斯函数表示形式为[95]

$$F(\Delta E) = \frac{1}{\sqrt{2\pi NxW}}\exp\left[-\frac{(\Delta E - NxS)^2}{2NxW}\right] \tag{4-25}$$

式中，$F(\Delta E)$ 为入射粒子在介质中的能量损失分布；N 为单位体积内的原子数目；x 为介质的厚度；S 为碰撞截面；W 为歧离参数；NxS 为损失能量的均值；NxW 为能量损失分布的方差。

在碰撞理论中，碰撞截面与歧离参数的定义为

$$S = \int T d\sigma(T) \tag{4-26}$$

$$W = \int T^2 d\sigma(T) \tag{4-27}$$

式中，T 为碰撞中的能量损失；$d\sigma(T)$ 为能量损失的微分截面。

根据卢瑟福截面公式[80]，有

$$d\sigma(T) = 2\pi \left(\frac{e^2}{4\pi\varepsilon_0} \right)^2 \frac{z^2}{m_e v^2} \frac{dT}{T^2} \tag{4-28}$$

式中，z 为入射粒子的原子序数；e 为电子电荷；ε_0 为介电常数；m_e 是电子质量；v 为入射粒子速度。

将式（4-28）代入式（4-26）和式（4-27）中，可得出碰撞截面与歧离参数的表达式为

$$S = 4\pi \left(\frac{e^2}{4\pi\varepsilon_0} \right)^2 \frac{z^2}{m_e v^2} \ln \frac{T_{\max}}{T_{\min}} \tag{4-29}$$

$$W = 2\pi \left(\frac{e^2}{4\pi\varepsilon_0} \right)^2 \frac{z^2}{m_e v^2} (T_{\max} - T_{\min}) \tag{4-30}$$

式中，$T_{\max}$ 为碰撞过程中的最大损失能量；$T_{\min}$ 为碰撞过程中的最小损失能量，它与介质的平均电离/激发能相等。

根据阻止本领理论，入射粒子损失能量的均值为

$$\Delta E_{\text{mean}} = NxS = \frac{dE}{dx} \cdot x \tag{4-31}$$

式中，dE/dx 表示介质的线性阻止本领。

由此推导出最大损失能量为

$$T_{\max} = \frac{2m_e c^2 \beta^2}{1 - \beta^2} \exp(-\beta^2) \tag{4-32}$$

式中，β 为入射粒子速度 v 与光速 c 的比值。

至此，可得出能量损失的均值和方差为

$$NxS = 4Nx\pi\left(\frac{e^2}{4\pi\varepsilon_0}\right)^2\frac{z^2}{m_e v^2}\ln\left[\frac{2m_e c^2\beta^2}{I(1-\beta^2)}\exp(-\beta^2)\right] \tag{4-33}$$

$$NxW = 2Nx\pi\left(\frac{e^2}{4\pi\varepsilon_0}\right)^2\frac{z^2}{m_e v^2}\left[\frac{2m_e c^2\beta^2}{1-\beta^2}\exp(-\beta^2) - I\right] \tag{4-34}$$

式中，I表示介质的平均电离/激发能。

至此，得出了能量损失服从高斯分布的理论计算公式。不过，该结果能否用于近似介质中的沉积能量分布尚需进一步验证。因此，本章采用GEANT4计算了 20 MeV 和 30 MeV 质子入射时，介质中能量分布服从高斯分布时的沉积能量分布，并将其与能量损失分布的理论计算结果进行对比，结果如图4-13所示。图4-13中给出了沉积能量相同时，硅、金刚石与水体中沉积能量分布和能量损失分布之间的对比，为避免叙述冗长，对于 20 MeV 质子入射的情况，图4-13中只给出水体的对比结果。由图4-13可知，当介质中沉积能量分布服从高斯函数时，入射粒子的能量损失分布与介质中的沉积能量分布具有较好的吻合度。因此，采用能量损失分布对能量沉积分布进行近似是可行的。

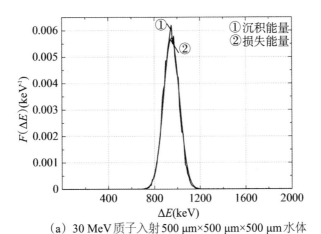

（a）30 MeV 质子入射 500 μm×500 μm×500 μm 水体

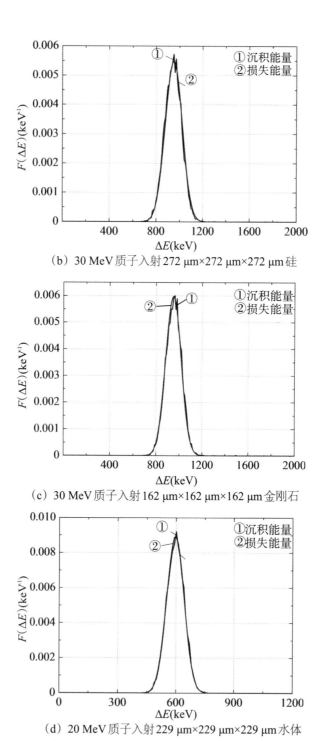

（b）30 MeV质子入射272 μm×272 μm×272 μm硅

（c）30 MeV质子入射162 μm×162 μm×162 μm金刚石

（d）20 MeV质子入射229 μm×229 μm×229 μm水体

图4-13　硅、金刚石和水体中沉积能量分布与能量损失分布的对比

为便于分析，对式（4-33）和式（4-34）进行变换，得

$$\Omega^2 = \frac{NxW}{NxS} = \frac{\dfrac{2m_e c^2 \beta^2}{1-\beta^2}\exp(-\beta^2) - I}{2\left[\ln\dfrac{2m_e c^2 \beta^2}{I(1-\beta^2)} - \beta^2\right]} \tag{4-35}$$

式中，Ω^2表示约化方差。

计算了相同情况下，硅、金刚石和水体中沉积能量分布的约化方差随入射能量的变化情况，结果如图4-14所示。由于辐射生物效应评估中常见的最大质子能量约为250 MeV，因此，仅对比了质子能量在0～300 MeV区间内三种材料的约化方差。由图4-14可知，金刚石中沉积能量分布的约化方差与水体较为接近，两者的偏差较小，而硅与水体约化方差的偏差则会随着入射能量的增加而增大，这也证明了金刚石比硅有更好的组织等效性。不过，与通常认为的金刚石组织等效性好于硅是因为其原子序数与生物组织有效原子序数接近不同，根据式（4-35）发现，金刚石优异的组织等效性得益于其平均电离/激发能（81 eV）与软组织（78 eV）相近。

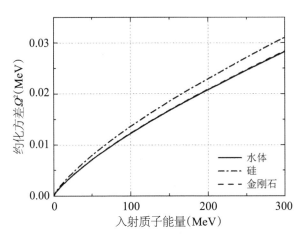

图4-14　硅、金刚石和水体中沉积能量分布的约化方差变化趋势

为确保结论准确可靠，对前述20 MeV和30 MeV下金刚石和硅中的沉积能量分布与水体中的沉积能量分布之间的吻合度采用了KS校验，结果见

表4-3所列。由表4-3可知，金刚石中沉积能量分布与水体中沉积能量分布具有较高的吻合度，硅中沉积能量分布与水体中沉积能量分布吻合度较差，且随着入射能量增大，这种差异更显著，这与图4-14的结果相同。由此可见，金刚石的组织等效性要优于硅，其在组织等效测量中比硅更具有优势。

表4-3　沉积能量分布的KS校验结果

	30 MeV		20 MeV	
	硅与水体	金刚石与水体	硅与水体	金刚石与水体
h	0	0	0	0
p	0.855 8	1	0.960 5	1
k	0.059 7	0.010 0	0.049 8	0.005 0

$h = 0$表示KS校验不拒绝零假设，两个分布具有相同的分布特征，p值表示两个分布相同的概率，k是检验统计量[96]。

第五章

组织等效换算研究

在辐射生物效应评估中，理想的探测器材料应该是组织等效的。所谓组织等效，是指入射辐射在探测器介质中的散射/吸收相互作用与生物组织相当。这样，探测器介质的能量响应就可以表征相同辐射环境中生物组织的能量响应。在材料的组织等效评价中，有效原子序数是一个重要的参数。根据阻止本领理论，入射辐射和物质的相互作用与原子序数有关，具有相近原子序数的介质对特定能量/类型辐射的响应是相似的[45]。与组织等效正比计数器不同，固体微剂量探测器的材料并不是组织等效的，因此，需要对固体微剂量探测器测得的辐射能量响应进行组织等效换算，以获得相同辐射环境下生物组织中的沉积能量分布。

当前，无论是射程比，还是线能比的换算方法，其本质都是关于固体微剂量探测器与生物组织之间等效换算因子的推导。由于换算因子会随着测量点的入射能量而变化，当要确定沿布拉格曲线不同透射深度给定大小生物组织中的沉积能量分布时，使用换算因子进行等效换算存在一定的局限性。因此，有必要围绕将固体微剂量探测器与同等大小生物组织在不同透射深度下的沉积能量分布等效换算展开研究。本章以质子的放射治疗为背景，探讨质子场中固体微剂量探测器的组织等效换算方法。鉴于在组织等效换算的研究中，会涉及质子与探测器介质/生物组织发生相互作用的沉积能量计算和沉积能量分布推导。因此，在开展组织等效换算方法研究之前，对相关理论进行简要介绍。

5.1 组织等效换算理论基础

带电粒子穿过介质时，会与介质原子的原子核和轨道电子发生库仑相互作用并损失部分能量。根据碰撞参数 b 与经典原子半径 a 之间的关系，将相互作用分为三类，如图5-1所示[80]。

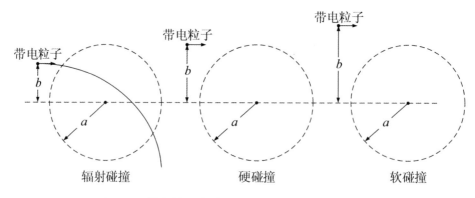

图5-1　带电粒子与介质三种相互作用的示意图

辐射碰撞：带电粒子与介质原子核发生相互作用，即 $b \ll a$。

硬碰撞：带电粒子与介质原子的轨道电子发生相互作用，且 $b \approx a$。

软碰撞：带电粒子与介质原子的轨道电子发生相互作用，但 $b \gg a$。

通常，带电粒子与介质原子核发生库仑相互作用的能量损失称为辐射能量损失，带电粒子与介质原子的轨道电子相互作用（硬碰撞、软碰撞）的能量损失统称为电子阻止本领。

5.1.1 介质的阻止本领理论

自从LSS理论（Lindhard Scharff Schiøtt离子射程理论）出现以后，在能量损失的计算中常将重带电粒子的阻止本领分为以下三类分别讨论[97]。

高能粒子：对于高能重带电粒子而言，辐射能量损失几乎可以忽略。因此，高能质子的能量损失主要由质子与介质原子轨道电子的库仑相互作用来确定。

低能粒子：低能粒子是指入射速度在波尔速度以下的重带电粒子。其阻止本领主要基于原子的托马斯−费米（Thomas-Fermi）模型来推导，通常认为介质对低能粒子的电子阻止本领是正比于粒子速度的[98]。

中能粒子：该能量范围内的电子阻止本领并不适用高能粒子和低能粒子的阻止本领理论，常结合两种理论来分析其阻止本领。

国际辐射单位委员会（International Commission Radiological Units, ICRU）在49号报告中推荐使用Varelas和Biersack提出的方法来计算介质对中能粒子的阻止本领[99-100]：

$$S = \frac{S_{\text{low}} \cdot S_{\text{high}}}{S_{\text{low}} + S_{\text{high}}} \tag{5-1}$$

式中，$S = -(1/\rho)\mathrm{d}E/\mathrm{d}x$ 为质量阻止本领；S_{low}和S_{high}分别为低能粒子和高能粒子的质量阻止本领。

在质子与探测器介质/生物组织相互作用的相关研究中，也采用了上述方法来完成质子能量损失的相关分析和计算。

1. 高能质子在介质中的能量损失

重带电粒子阻止本领计算公式的详细推导可参阅相关文献，此处只针对后续沉积能量计算中所涉及的内容进行阐述。通常，高能重带电粒子阻止本领的理论计算常采用Bethe公式：

$$S_{high} = 4\pi r_e^2 m_e c^2 Z \frac{N_A}{A} \frac{z^2}{\beta^2} \left[\ln \frac{2m_e c^2 \beta^2}{I(1-\beta^2)} - \beta^2 \right] \tag{5-2}$$

式中，z 为重带电粒子的电荷量，其他参数的含义与式（3-45）中一致。该式在高能质子在介质中能量损失的计算中与实验数据的吻合度较好，如图 5-2 所示。图 5-2 中，图例 "NIST" 为美国国家标准与技术研究院（National Institute of Standards and Technology）的实验数据[81]。

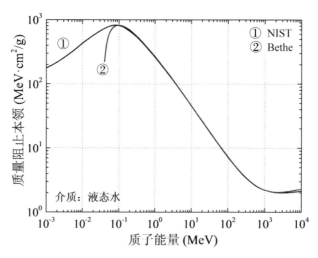

图 5-2　质子的阻止本领理论结果（Bethe 公式）与 NIST 实验数据的对比

由于 Bethe 公式在计算低能粒子阻止本领时会出现负值，因此并不适合代入式（5-1）中计算中能粒子的阻止本领。对此，Lindhard 对 Bethe 公式进行了改进，提出[100]：

$$S_{high} = \frac{8\pi z^2 N}{I_0} \left(\frac{e^2}{4\pi\varepsilon_0} \right)^2 \frac{\ln(1+\varepsilon+C/\varepsilon)}{\varepsilon} \tag{5-3}$$

式中，$N = N_A/A$ 为原子密度；$\varepsilon = \dfrac{2m_e v^2}{ZI_0}$，$v$ 为粒子速度，I_0 为 Bolch 常数；C 为常数，Biersack 等给出了 C 的经验值为 5。

图 5-3 给出了 Lindhard 公式与 Bethe 公式计算的高能粒子质量阻止本领与 NIST 数据的对比结果。如图 5-3 所示，当入射粒子能量较大（400～10^4 MeV）时，Lindhard 公式的计算结果与实验数据的吻合度较差，这可能

是Lindhard未对高速粒子的相对论性效应加以考虑的原因。因此，本书结合Bethe公式对Lindhard公式进行相对论性修正，得出

$$S_{high} = \frac{8\pi z^2 ZN}{I}\left(\frac{e^2}{4\pi\varepsilon_0}\right)^2 \frac{\ln(1+\gamma\varepsilon+C/\varepsilon)}{\varepsilon} \tag{5-4}$$

式中，$\varepsilon = \frac{2m_e v^2}{I}$，$I$为平均电离/激发能；$\gamma = \frac{1}{\sqrt{1-\beta^2}}$为洛伦兹因子。

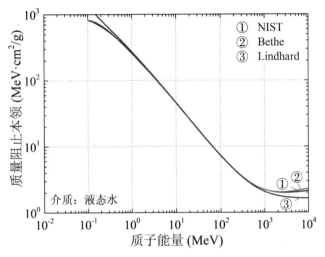

图5-3　Lindhard公式与Bethe公式及NIST数据的对比结果

修正后的计算结果如图5-4所示。结果显示，通过相对论性修正后，Lindhard公式在高能区内与NIST的数据吻合度较好。

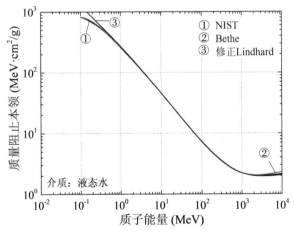

图5-4　修正Lindhard公式与Bethe公式及NIST数据的对比结果

2. 低能质子在介质中的能量损失

ICRU在73号报告中给出了低能粒子的电子碰撞阻止截面的理论公式[97]：

$$s_{low} = Z^{1/6} 8\pi a_0^2 \frac{zZ}{(z^{2/3} + Z^{2/3})^{3/2}} m_e v_0 v \tag{5-5}$$

式中，s_{low} 为低能粒子的电子碰撞阻止截面，$S_{low} = N s_{low}$；a_0 表示波尔半径；v_0 是波尔速度。由式（5-5）得出的低能质子质量阻止本领与NIST数据的对比结果如图5-5所示。图5-5中，NIST-Tot. 为总质量阻止本领，NIST-Elec. 为电子阻止本领。结果显示，式（5-5）的计算结果与NIST实验数据存在一定的差异。

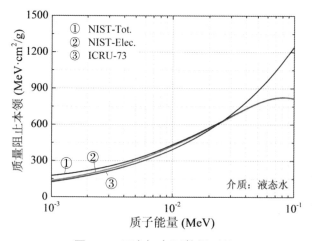

图5-5　理论与实测数据对比

ICRU在49号报告中介绍了Andersen和Ziegler提出的低能粒子电子阻止截面拟合公式，并给出了相应的拟合参数，但并未涉及生物组织[99]：

$$s_{low} = a_1 E^{a_2} \tag{5-6}$$

式中，a_1 和 a_2 为常数，由实验数据拟合得到。由式（5-5）可知，$a_2 = 0.5$，但Andersen和Ziegler发现，当 $a_2 = 0.45$ 时，拟合结果与实验数据的吻合度更好。为使阻止本领的计算结果更为准确，本书中拟采用拟合公式完成介质对中低能质子阻止本领的计算。由图5-5可知，低能质子的辐射阻止本领较大，但会随着质子能量的增大而减小。因此，本书以总阻止本领（辐射阻止本领+电子阻止本领）进行拟合。

ICRU在49号报告中指出，当采用法诺图（$\beta^2 \cdot S$-log E_K图，其中E_K为入射粒子能量）表征质量阻止本领变化时，阻止本领随入射粒子能量变化的峰值（图5-2）会被消除，且质量阻止本领与粒子能量对数几乎是呈线性关系的，如图5-6所示。

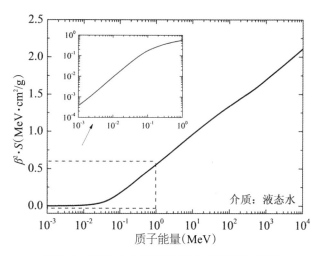

图5-6 液态水中质子总阻止本领的法诺图

由图5-6可知，在液态水介质中，当质子能量大于0.1 MeV时，约化质量阻止本领（$\beta^2 \cdot S$）随入射质子能量对数（log E_K）的变化近似线性，而当粒子能量小于0.05 MeV时，约化质量阻止本领（$\beta^2 \cdot S$）随入射质子能量（E_K）的变化是线性的（图5-6中的小图）。综上，法诺图能帮助笔者更好地确定低能质子阻止本领的拟合数据范围（线性变化区间）。因此，低能质子阻止本领的拟合公式采用：

$$\beta^2 S_{\text{low}} = A_1 E^{A_2} \tag{5-7}$$

式中，A_1和A_2为拟合常数。若S_{low}为电子阻止本领，由$\beta^2 = v^2/c^2$及式（5-5）可知，$A_2 = 1.5$。但为了便于后续中能质子阻止本领的计算，此处S_{low}为总阻止本领，且A_2的值也根据实验数据来确定。

3. 中能质子在介质中的能量损失

如前所述，中能带电粒子的阻止本领主要采用Varelas-Biersack公式计算。由于低能粒子的阻止本领计算中使用约化质量阻止本领来拟合参数，所以，为便于中能质子阻止本领的计算，对高能质子阻止本领也采用约化质量阻止本领来表示：

$$\beta^2 S_{\text{high}} = \beta^2 \frac{8\pi z^2 ZN}{I}\left(\frac{e^2}{4\pi\varepsilon_0}\right)^2\frac{\ln(1+\gamma\varepsilon+C/\varepsilon)}{\varepsilon} \tag{5-8}$$

再将式（5-8）与式（5-7）代入式（5-1），即可求出介质对中能质子的阻止本领。至此，已得出了介质对不同能量质子阻止本领的计算方法。

在固体微剂量探测器组织等效换算研究中，涉及的材料主要是金刚石、硅和生物组织。因此，运用该方法计算了这些介质中质子的质量阻止本领，并与NIST的实验数据进行对比。考虑到水与大多数生物组织的密度接近且被认为是人体组织良好的近似材料[9]，组织等效换算研究中选取水作为组织参照物。另外，骨骼作为生物体中最致密的组织，其密度约为其他生物组织（脂肪：0.92 g/cm³）的2倍，且平均电离/激发能也远大于其他生物组织。因此，骨骼也被纳入组织等效换算的研究中。两种组织材料的相关参数见附录A。

图5-7给出了研究中涉及的相关材料对质子约化质量阻止本领的计算值与NIST数据的对比结果。结果显示，在这四种材料中，介绍的相关理论在质子阻止本领的计算上与实验数据的吻合度较好。因此，在后续等效换算因子的推导中，采用上述方法完成介质中平均沉积能量的计算。

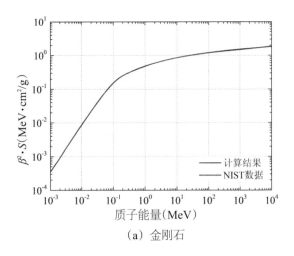

（a）金刚石

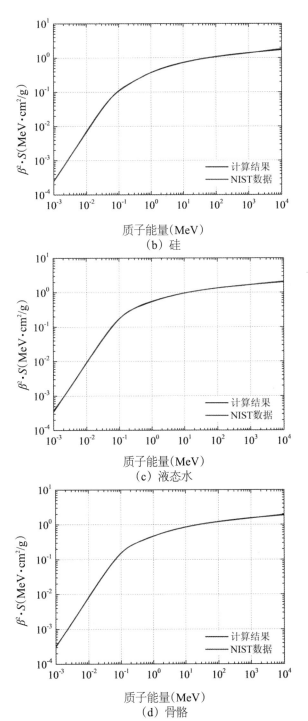

图 5-7　相关介质中质子总阻止本领计算值与实验值的对比

5.1.2 介质中能量损失分布

阻止本领理论中的能量损失实质表征的是带电粒子与介质相互作用损失能量的平均值。而实际中，带电粒子与介质相互作用过程中的能量损失是一个随机量，常用歧离函数（Straggling Function）$F(\Delta E, x)$来描述，它表征的是带电粒子与介质相互作用过程中损失能量的分布情况[99]。

假设$F(\Delta E, x)\text{d}(\Delta E)$是质子穿过厚度为$x$的介质损失能量的分布，$F(\Delta E, y)\text{d}(\Delta E)$是质子穿过厚度为$y$的介质能量损失的分布，两介质材料相同且顺序排列。质子穿过x层的能量损失为$\Delta E'$，穿过y层损失的能量为$\Delta E - \Delta E'$，如图5-8所示。

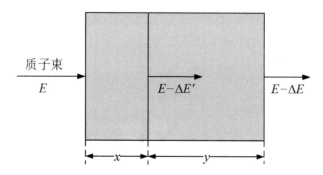

图5-8　质子在相邻介质层中能量损失的示意图

由于能量损失事件的统计独立性，质子在$(x+y)$层中能量损失的分布可由质子在x层和y层中能量损失分布的乘积确定。具体如下：

$$F(\Delta E, x+y) = \int_0^{\Delta E} F(\Delta E', x) F(\Delta E - \Delta E', y)\text{d}(\Delta E') \tag{5-9}$$

这就是统计物理中的查普曼–柯尔莫戈洛夫（Chapman-Kolmogorov）方程[95]。该方程实质是一个卷积公式，因此，可对式（5-9）进行傅里叶变换求解，则有

$$F(k,x) = \int_{-\infty}^{\infty} F(\Delta E, x) e^{-ik\Delta E} d(\Delta E) \tag{5-10}$$

$$F(\Delta E, x) = \frac{1}{2\pi} \int_{-\infty}^{\infty} F(k,x) e^{ik\Delta E} dk \tag{5-11}$$

式中，$F(k, x)$为$F(\Delta E, x)$在傅里叶空间的像函数。

根据卷积定理，可知：

$$F(k, x+y) = F(k,x)F(k,y) \tag{5-12}$$

由此可知，像函数$F(k, x)$的通解为

$$F(k,x) = e^{C(k)x} \tag{5-13}$$

式中，$C(k)$为任意函数。

若介质厚度x足够小，以至于在介质中发生两次能量损失事件的概率几乎不存在，则入射粒子穿过厚度为x的介质的概率：

$$P_n = \begin{cases} 1 - Nx\sigma & n = 0 \\ Nx\sigma & n = 1 \\ 0 & n \geqslant 2 \end{cases} \tag{5-14}$$

式中，n为发生能量损失事件的次数；N为原子密度；σ为碰撞截面。

据此，可得出能量损失的分布为

$$F(\Delta E, x) = (1 - \sum_j P_j)\delta(\Delta E) + \sum_j P_j \delta(\Delta E - T_j) \tag{5-15}$$

式中，$P_j = Nx\sigma_j$为事件j发生的概率；T_j为事件j损失的能量。等式右边第一项表示没有能量损失事件的概率，第二项表示发生一次能量损失的可能性及对应的能量损失。

根据狄拉克函数的傅里叶变换性质，式（5-15）的像函数为

$$F(k,x) = 1 - Nx \sum_j \sigma_j (1 - e^{-ikT_j}) \tag{5-16}$$

又，式（5-13）的泰勒展开式为

$$F(k,x) = e^{C(k)x} = 1 + C(k)x + \frac{[C(k)x]^2}{2!} + \cdots + \frac{[C(k)x]^n}{n!} \tag{5-17}$$

由于厚度x很小，式（5-17）第三项及以后的项可以忽略，所以有

$$C(k) = -N \sum_j \sigma_j (1 - e^{-ikT_j}) \tag{5-18}$$

令

$$\sigma(k) = \sum_j \sigma_j (1 - e^{-ikT_j}) \tag{5-19}$$

为输运截面，则

$$F(\Delta E, x) = \frac{1}{2\pi} \int_{-\infty}^{\infty} e^{ik\Delta E - Nx\sigma(k)} dk \tag{5-20}$$

该方程就是表征粒子与介质相互作用中累积事件统计性质的波特–朗道（Bothe-Landau）方程的原型[95]。

对于连续的单个沉积能量事件，式（5-19）可表示为

$$\sigma(k) = \int (1 - e^{-ikT}) d\sigma(T) \tag{5-21}$$

展开后得到

$$\sigma(k) = \sum_{\nu=1}^{\infty} \frac{(-ik)^{\nu}}{\nu!} \int T^{\nu} d\sigma(T) = ikS + \frac{1}{2}k^2 W - \frac{1}{6}ik^3 Q_3 \cdots \tag{5-22}$$

式中，$S = \int T d\sigma(T)$ 为阻止截面；$W = \int T^2 d\sigma(T)$ 是歧离参数；$Q_3 = \int T^3 d\sigma(T)$ 为偏态参数。

由式（5-20）可知，带电粒子能量损失的分布 $F(\Delta E, x)$ 与介质的厚度 x 有关，下面结合有关理论对不同厚度下质子的沉积能量分布进行简要介绍。

1. 厚介质中的能量损失分布

对厚介质而言，带电粒子穿过介质时发生的相互作用次数较多，沉积能量的随机性得到一定的修正，其沉积能量分布接近以平均能量损失为中心的正态分布[99]。式（5-22）中的偏态项及后续项可以忽略，即

$$\sigma(k) = ikS + \frac{1}{2}k^2 W \tag{5-23}$$

将其代入式（5-20），得

$$F(\Delta E, x) = \frac{1}{\sqrt{2\pi NxW}} \exp\left[-\frac{(\Delta E - NxS)^2}{2NxW}\right] \tag{5-24}$$

式中，阻止截面和歧离参数可由卢瑟福碰撞截面求出。

单能质子在厚水体膜中沉积能量分布的蒙特卡洛模拟结果与式（5-24）的计算结果对比如图5-9所示。

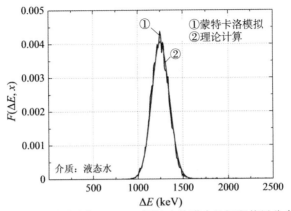

（a）50 MeV质子在1 000 μm厚的水体膜中的沉积能量分布

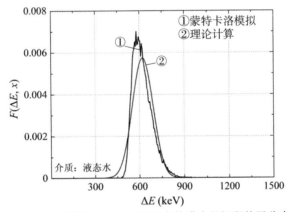

（b）50 MeV质子在500 μm厚的水体膜中的沉积能量分布

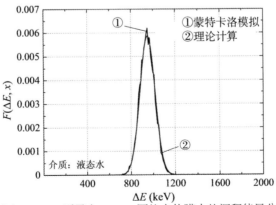

（c）30 MeV质子在500 μm厚的水体膜中的沉积能量分布

图5-9　单能质子在水体膜中的沉积能量分布

由图5-9可知，50 MeV质子在1 000 μm厚水体膜中沉积能量分布的蒙特卡洛模拟结果与式（5-24）的计算结果的吻合度较好［图5-9（a）］，同样的结果在30 MeV质子入射500 μm厚的水体膜中也观察到了［图5-9（c）］。但当50 MeV质子入射500 μm厚的水体膜时，其沉积能量分布并不服从高斯分布［图5-9（b）］。综上可知，质子在厚介质中的能量损失分布是服从高斯分布的，且可由式（5-24）来表征，但关于厚度的界定则需根据入射能量的值来确定。

ICRU在49号报告中给出了沉积能量分布服从高斯函数的条件[99]：

$$\kappa = \frac{\xi}{T_{\max}} \gg 1 \tag{5-25}$$

式中，

$$T_{\max} = \frac{2m_e c^2 \beta^2}{1-\beta^2}\left[1 + 2\frac{m_e}{M}\frac{1}{\sqrt{1-\beta^2}} + \left(\frac{m_e}{M}\right)^2\right]^{-1} \tag{5-26}$$

表征的是单次相互作用中入射粒子与电子相互作用的最大能量损失，M为入射粒子质量；

$$\xi = \frac{2\pi r_e^2 m_e c^2 z^2 NZ}{\beta^2}x \tag{5-27}$$

2. 薄介质中的能量损失分布

在薄介质中，入射粒子与介质相互作用的路径较短，能量损失的随机性较强，会导致沉积能量的分布极不对称。Landau方法是入射粒子在薄介质中的沉积能量分布的一种常用参考标准[95]。根据阻止本领理论，微分碰撞截面$d\sigma(T)$为

$$d\sigma(T) = 2\pi b db = 2\pi\left(\frac{e^2}{4\pi\varepsilon_0}\right)^2\frac{z^2 Z}{m_e v^2}\frac{dT}{T^2} \tag{5-28}$$

式中，T的取值范围：$T_{\min} \leqslant T \leqslant T_{\max}$（$T_{\min} = \frac{I^2}{2m_e v^2}$）。

代入式（5-21）得

$$\sigma(k) = \frac{C_0}{T_{\min}}[1 - E_2(ikT_{\min})] - \frac{C_0}{T_{\max}}[1 - E_2(T_{\max})] \tag{5-29}$$

式中，$C_0 = 2\pi\left(\frac{e^2}{4\pi\varepsilon_0}\right)^2\frac{z^2 Z}{m_e v^2}$；$E_2(z) = \int_1^\infty \frac{e^{-zt}}{t^2}dt$。

对式（5-29）等号右边分别按照 $kT_{\min}$ 和 $1/kT_{\max}$ 进行泰勒展开，得到

$$\sigma(k) = C_0 ik[1 - \gamma - \ln(ikT_{\min})] \tag{5-30}$$

式中，$\gamma = 0.5772$ 表示欧拉常数。式（5-30）中去掉了泰勒展开式中 $kT_{\min}$ 或 $1/kT_{\max}$ 接近于零的项。

最终，式（5-20）化简为[101]

$$F(\Delta E, x) \approx \frac{T_{\max}}{\Omega_B^2}\Phi(\lambda) \tag{5-31}$$

式中，$\Omega_B^2 = \xi T_{\max}$ 为波尔方差；

$$\Phi(\lambda) = \frac{1}{2\pi i}\int_{-i\infty}^{i\infty} e^{u \ln u + \lambda u}du \tag{5-32}$$

$$\lambda = \frac{T_{\max}(\Delta E - NxS)}{\Omega_B^2} - \ln\frac{\Omega_B^2}{T_{\max}^2} - 1 + \gamma \tag{5-33}$$

Landau 方程中，$\Phi(\lambda)$ 随 λ 变化的曲线如图 5-10 所示。根据带电粒子在薄介质中的能量损失特性，质子在薄介质中的沉积能量分布是一个峰值在最可几能量损失，且在损失能量大于最可几能量损失的区间内存在长拖尾的偏态分布。因此，Landau 方法获得的沉积能量分布与入射粒子在薄介质中沉积能量分布的变化特性是一致的，在适当运算下是可以准确表征质子在薄介质中沉积能量分布的。

然而，该方法的适用范围较小，仅在 $\Omega_B^2/T_{\max} \ll 1$ 且 $\Omega_B^2/T_{\max} \gg E_a$（$E_a$ 为特征原子能，约等于电子的平均结合能）时有较高的准确性，这可能是因为 Landau 方法忽略了粒子运动对库仑截面的限制[95]。

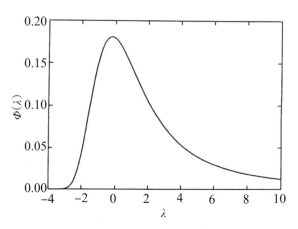

图 5-10　Landau 方程中 $\Phi(\lambda)$ 随 λ 变化的曲线[101]

因此，Glazov 提出了一种适用性更好的方法，他将输运截面定义为

$$\sigma(k) = \int_0^\infty (1 - e^{-ikT}) d\sigma(T) - \int_{T_{\max}}^\infty (1 - e^{-ikT}) d\sigma(T) \qquad (5\text{-}34)$$

并改写了 Bothe-Landau 公式，得出[102]

$$F(\Delta E, x) = e^{Nx\sigma_{ne}} \left[F_\infty(\Delta E, x) - Nx \int_{T_{\max}}^\infty F_\infty(\Delta E - T, x) d\sigma(T) \right.$$
$$\left. + \frac{1}{2}(Nx)^2 \int_{T_{\max}}^\infty d\sigma(T) \int_{T_{\max}}^\infty F_\infty(\Delta E - T - T', x) d\sigma(T') \cdots \right] \qquad (5\text{-}35)$$

式中，$\sigma_{ne} = \int_{T_{\max}}^\infty d\sigma(T)$ 表示无能量损失事件发生的截面；$F_\infty(\Delta E, x)$ 表示忽略能量上限 $T_{\max}$ 得出的能谱。运用该式来求解薄介质中的沉积能量谱有两个优势：所有积分都遍历了大能量传递事件，这样确保了在不太大的路径上能实现快速卷积；由于能谱 $F_\infty(\Delta E, x)$ 缺少 $E < 0$ 的部分，且 $T, T', \cdots > T_{\max}$，因此式（5-35）中的级数会简化为有限项之和。

Glazov 给出了该方法计算的结果与实际结果的对比，如图 5-11 所示。图 5-11 中，1 term 表示取式（5-35）中方括号中的第一项，2 term 表示取式（5-35）中方括号中的前两项，图 5-11 中不可见的曲线与实际结果重合。结果显示[95]，Glazov 方法的计算结果与实际结果的吻合度较好，采用 Glazov 提出的方法有助于准确地计算质子在薄介质中的沉积能量分布，不过该方法存在计算量较大的问题。

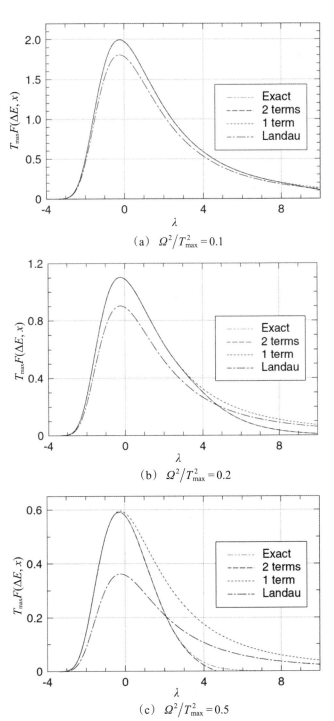

(a) $\Omega^2/T_{\max}^2 = 0.1$

(b) $\Omega^2/T_{\max}^2 = 0.2$

(c) $\Omega^2/T_{\max}^2 = 0.5$

图 5-11 不同 $\Omega_{\mathrm{B}}^2/T_{\max}^2$ 值下 Glazov 沉积能量分布与 Landau 沉积能量分布的对比结果

3. 中厚介质中的能量损失分布

对于带电粒子在中厚介质中的能量损失分布，主要采用Vavilov提出的方法进行理论计算。虽然它也是基于Bothe-Landau方程推导的，但与Landau不同，Vavilov并没有忽略传输截面计算中的上限 T_{max}，并将输运截面展开式的三阶项也纳入了计算，得[95]

$$\sigma(k) = ikS + \frac{1}{2}k^2 W - \frac{1}{6}ik^3 Q_3 \tag{5-36}$$

对 dk 的积分中，积分项的指数用换元法进行简化：

$$z = ik - \frac{W}{Q_3} \tag{5-37}$$

得出

$$F(\Delta E, x) = \exp\left[\frac{W}{Q_3}\eta - \frac{1}{6}NxQ_3\left(\frac{W}{Q_3}\right)^3\right]$$
$$\times \frac{1}{2\pi i}\int_{c-i\infty}^{c+i\infty} \exp\left(z\eta - \frac{1}{6}NxQz^3\right)dz \tag{5-38}$$

式中，$\eta = \Delta E - NxS + \frac{1}{2}NxQ_3\left(\frac{W}{Q_3}\right)^2$；$c$ 名义上由 $c = -W/Q_3$ 给出，但根据复平面上指数函数的规律性，可以选择为任何实常数。

最终得出沉积能量分布函数：

$$F(\Delta E, x) = A\exp\left[\frac{W}{Q_3}\eta - \frac{1}{6}NxQ_3\left(\frac{W}{Q_3}\right)^3\right]Ai(A\eta) \tag{5-39}$$

式中，$A = \left(\frac{2}{NxQ_3}\right)^{1/3}$；$Ai(z) = \frac{1}{\pi}\sqrt{\frac{z}{3}}K_{1/3}\left(\frac{2}{3}z^{3/2}\right)$ 为艾里函数（Airy Function）。关于艾里函数的介绍，详见附录B。

以250 MeV质子在3 cm厚水体膜的沉积能量分布为例，对比式（5-39）的计算结果与蒙特卡洛模拟结果的吻合度，结果如图5-12所示。由图5-12可知，Vavilov方法在计算入射粒子在中厚介质中的沉积能量分布时具有较好的准确性。不过，Sigmond也指出该方法存在一些缺点[95]：

（1）该分布是以 kT_{max} 为参数进行级数展开并选取截断项的，但参数 kT_{max}

并不一定是很小的值；

（2）由于艾里函数的波动性，当 $\Delta E - NxS < -\dfrac{NxW^2}{Q_3} - 2.338\left(\dfrac{1}{2}m_e v^2 NxW\right)^{1/3}$
时，计算结果会有负值（图5-13）。

式（5-38）会对沉积能量分布的尺度特性、损失能量峰值和半高宽的确定造成不便。

对于简单模型而言，Vavilov方法较为复杂。

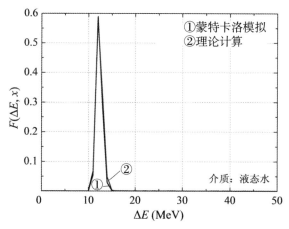

图5-12 250 MeV质子在3 cm厚水体膜中沉积能量分布的蒙特卡洛结果与
Vavilov方法计算结果对比

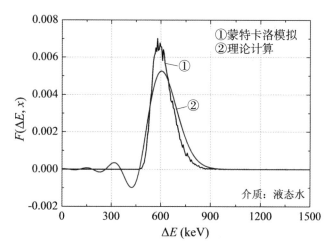

图5-13 50 MeV质子在500 μm水体膜中沉积能量分布的蒙特卡洛结果与
Vavilov方法计算结果对比

因此，Vavilov方法在表征带电粒子在中厚介质中的沉积能量分布上存在一定的局限性，在使用中需注意相关限制条件。此外，艾里函数的计算也是一项较为烦琐的工作。综上，除厚介质中沉积能量分布的数学模型具有较高的准确性和可靠性外，其余两种模型均存在模型复杂、适用范围有限的问题。此外，介质厚度的界定会受到辐照条件的影响，这些都在一定程度上影响了基于这些模型推导的换算方法的适用性。如果能根据介质中辐射能量损失分布随外部因素变化的规律及特点，结合相关理论对现有数学模型进行完善，构建适用于描述不同条件下介质中辐射能量歧离分布的数学模型，就能有效解决这一问题。

5.2 组织等效换算方法

对带电粒子在介质中的能量损失和能量损失分布有一定了解后，本节将进入对固体微剂量探测器组织等效换算方法的研究。尽管与组织等效正比计数器相比，固体微剂量探测器有着结构简单、空间分辨率好、功耗低、信号采集快、噪声小等优点，但探测器材料的组织等效性却是其较为突出的缺点之一。为获得相同条件下生物组织中的沉积能量分布，通常将固体微剂量探测器测得的沉积能量分布进行组织等效换算。因此，组织等效换算是固体微剂量探测器在辐射生物效应评估应用中不可或缺的内容。如前所述，质子在介质中的沉积能量与入射粒子能量及辐照材料的特性有关，而沉积能量的分布则受辐照材料特性及穿透深度的影响。因此，在推导固体微剂量探测器的组织等效换算方法之前，有必要针对相同条件下固体微剂量探测器和生物组织中的能量沉积特点进行分析，即探讨固体微剂量探测器材料的组织等效性。

由图4-12可知，在相同辐射场中，由固体微剂量探测器得出生物组织

中的沉积能量分布可通过简单换算来实现。关于换算因子的推导，学者们已经做了相关研究[9, 45, 58-59]，并取得了良好的效果。然而，换算因子是随着测量点的入射能量而变化的，当需要确定沿布拉格曲线不同透射深度指定大小生物组织中沉积能量分布时，仅采用换算因子进行固体微剂量探测器组织等效换算存在一定的局限性。因为按照换算因子来选择固体微剂量探测器，需要根据透射深度的不同而选择不同大小的探测器，这显然是不可取的。而采用给定大小的微剂量探测器则会导致探测器在不同透射深度表征的生物组织大小存在差异。因此，为提高固体微剂量探测器在实验微剂量学应用中的准确性和可靠性，有必要围绕将固体微剂量探测器中的沉积能量分布转化为同等大小生物组织中的沉积能量分布展开研究。考虑到金刚石的组织等效性更好，可以避免在分析中引入偏差，故以金刚石微剂量探测器为例来探讨固体微剂量探测器的组织等效换算。

5.2.1 等效换算因子推导

同等大小的金刚石微剂量探测器与生物组织中沉积能量分布的等效性是金刚石组织等效换算方法推导的基础，本小节首先根据金刚石与生物组织中沉积能量分布的等效性来确定金刚石微剂量探测器与相同大小生物组织之间的等效换算因子并完成相关验证工作，为金刚石微剂量探测器的组织等效换算方法的推导奠定基础。由于金刚石与生物组织的换算因子是由两者中的沉积能量决定的，因此，可根据金刚石微剂量探测器与相同大小生物组织中的沉积能量来推导换算因子。

1. 研究方案的确定

为完成金刚石组织等效换算因子的推导和验证工作，首先制定了研究方案，如图5-14所示。

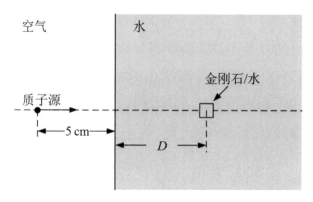

图5-14　组织等效换算因子的研究方案

50 MeV单能点源质子束被放置在距离水体膜表面5 cm处的空气中，垂直水体膜侧面入射，在射线束轴线上位于水体膜中深度为D处放置微剂量测量点，为简便计算和分析，微剂量点设为立方体形状。微剂量点的材料为金刚石或水体，以获取入射质子在两种材料中的沉积能量分布。为使研究结果准确可靠，采用同一位置不同大小微剂量点（边长为5～500 μm）来研究相同大小金刚石和水体之间的等效换算因子。另外，由于换算因子会随着透射深度而变化，对相同大小（边长为10 μm）的金刚石和水体在不同透射深度上的等效换算因子也进行了研究。研究中涉及的透射深度位置见表5-1所列。表5-1中，位置1在布拉格曲线坪区，位置2在布拉格峰前端，位置3在布拉格峰后端。

表5-1　水体膜中的微剂量点的位置

体膜	位置1	位置2	位置3
水	12 mm	21 mm	22.5 mm

2. 换算因子的推导

当入射质子穿过辐照介质时，与介质的原子核和轨道电子发生库仑相互作用。在这一过程中，粒子会损失部分能量并将能量传递给受辐照介质。理论上，入射质子在介质中的沉积能量可通过在穿透距离上对线性阻止本领进行积分来计算，即

$$E_{De} = \int_{x_0}^{x_1} -\frac{dE}{dx}dx \qquad (5\text{-}40)$$

式中，E_{De} 为入射质子在介质中的沉积能量；x_0 和 x_1 分别为辐照介质的起始位置和终止位置。$-dE/dx$ 为介质的线性阻止本领。

由于很难获得线性阻止本领随入射深度变化的解析表达式，无法直接通过式（5-40）来计算质子在金刚石和生物组织中的沉积能量。因此，采取连续慢化近似（continuous slowing down approximation，CSDA）射程来计算沉积能量。通过线性阻止本领倒数 $1/S(E)$ 和能量区间 ΔE 的数值积分来完成沉积能量的计算，公式如下[103]：

$$R = \sum_{i=0}^{n-1} \frac{1}{2}\left[\frac{1}{S(E_i)} + \frac{1}{S(E_{i+1})}\right]\Delta E \qquad (5\text{-}41)$$

式中，R 表示质子在介质中的射程；$S(E_i)$ 表示介质对入射能量为 E_i 的质子的线性阻止本领；$\Delta E = E_i - E_{i+1}$ 为能量间隔。若 E_0 是质子的入射能量，E_n 为质子的出射能量，则介质中的沉积能量 $E_{De} = E_0 - E_n$。

如图 4-13 所示，当沉积在金刚石和生物组织中的平均沉积能量相同时，入射质子在两者中的沉积能量谱几乎是一致的。因此，同等大小金刚石微剂量探测器与生物组织中的换算因子可根据两者的平均沉积能量之比确定。表 5-2 中给出了不同透射深度下同等大小金刚石和水体中的沉积能量及相关信息，表 5-3 给出了相同位置边长为 5 ～ 500 μm 的金刚石和水体中的沉积能量及相关信息。表 5-2 和 5-3 中，质子的入射能量 E_0 是在忽略质子在空气中的能量损失下，将质子源能量（50 MeV）和质子在水体膜中的透射深度（D）代入式（5-41）得到的，而介质对不同能量质子的线性阻止本领 $S(E_i)$ 是通过 4.1 节所述方法求得的。沉积能量 E_{De} 则是通过将质子的入射能量 E_0 和微剂量点边长代入式（5-41）求得的。最后一列中，水对应的射程 R 值表示在金刚石中沉积与水中相同的能量时，质子在金刚石中的射程，金刚石所对应的 R 值则是金刚石微剂量探测器的边长。

表5-2 边长为10 μm的金刚石和水体在水体膜中不同位置处的能量沉积及相关数据

位置	材料	E_0 (MeV)	$S(E_0)$ (keV/μm)	E_{De} (keV)	R (μm)
位置1 12 mm	水	32.674 9	1.747 3	17.478 1	3.179 1
	金刚石	32.674 9	5.496 6	55.007 1	10
	比率	1	3.145 8	3.147 2	3.145 5
位置2 21 mm	水	10.450 3	4.403 5	44.114 2	3.182 7
	金刚石	10.450 3	13.836 9	139.127 1	10
	比率	1	3.142 3	3.153 8	3.142 0
位置3 22.5 mm	水	2.818 4	12.430 1	126.495 5	3.189 2
	金刚石	2.818 4	38.980 7	413.228 6	10
	比率	1	3.136 0	3.266 7	3.135 6

表5-3 边长5 ~ 500 μm金刚石和水体在水体膜中位置1处的能量沉积及相关参数

边长	材料	E_0 (MeV)	$S(E_0)$ (keV/μm)	E_{De} (keV)	R (μm)
500 μm	水	33.099 7	1.728 4	873.578 1	158.945 7
	金刚石	33.099 7	5.437 2	2 816.249 4	500
	比率	1	3.145 7	3.223 8	3.145 7
200 μm	水	32.840 2	1.740 0	349.498 8	63.578 3
	金刚石	32.840 2	5.473 4	1 109.918 7	200
	比率	1	3.145 7	3.175 7	3.145 7
100 μm	水	32.755 3	1.743 8	174.760 7	31.789 2
	金刚石	32.755 3	5.485 6	552.339 2	100
	比率	1	3.145 7	3.160 5	3.145 7
50 μm	水	32.709 7	1.746 4	87.415 9	15.894 6
	金刚石	32.709 7	5.493 8	275.630 6	50
	比率	1	3.145 7	3.153 1	3.145 7
10 μm	水	32.674 9	1.747 3	17.476 7	3.178 9
	金刚石	32.674 9	5.496 5	55.002 6	10
	比率	1	3.145 7	3.147 2	3.145 7
5 μm	水	32.670 5	1.748 2	8.741 8	1.589 5
	金刚石	32.670 5	5.499 2	27.505 6	5
	比率	1	3.145 7	3.146 4	3.145 7

由表5-2、表5-3可知，同等大小金刚石与水体的换算因子即为射程 R 之比。考虑到射程比的计算略微烦琐〔式（5-41）〕，且线性阻止本领比与射程比近似一致，故采用线性阻止本领比作为同等大小金刚石与水体的换算因子。下面将对线性阻止本领比作为换算因子的准确性和可靠性进行验证。

3. 换算因子的验证

对金刚石组织等效换算因子的验证主要是通过GEANT4蒙特卡洛模拟程序来完成的。具体如下：①在GEANT4程序中按照图5-14搭建验证环境；②对于边长为 5 μm 和 10 μm 的微剂量点，先计算金刚石中的沉积能量分布，然后将微剂量点的边长按照金刚石与水体的线性阻止本领比进行放大，将材料换成水体后，计算水体中的沉积能量分布，再将水体中的沉积能量分布与金刚石中的沉积能量分布进行对比；③对于边长在 50 ～ 500 μm 的微剂量点，则先计算水体中的沉积能量分布，然后将微剂量点的边长按照金刚石与水体的线性阻止本领比进行缩小，将材料换成金刚石后，再计算金刚石中的沉积能量分布并与水体中的沉积能量分布进行对比。相关结果如图5-15和图5-16所示。

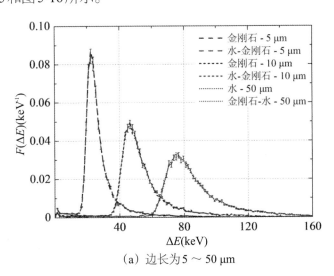

（a）边长为 5 ～ 50 μm

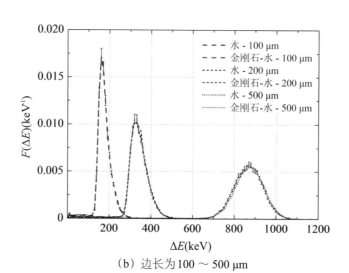

（b）边长为100～500 µm

图5-15　水体膜中同一位置处（位置1）金刚石与水体等效换算因子的验证结果

（注：图例"金刚石 - 5 µm"表示介质的材料和微剂量点的边长；图例"水-金刚石 - 5 µm"表示由水体得出边长为5 µm立方体金刚石微剂量点中的沉积能量分布）

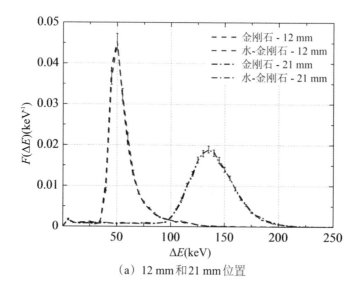

（a）12 mm和21 mm位置

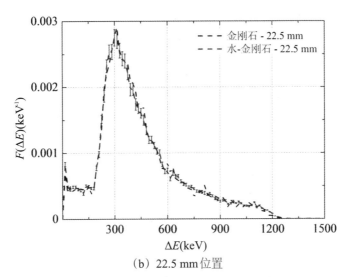

（b）22.5 mm 位置

图 5-16   水体膜中不同位置处金刚石与水体等效换算因子的验证结果

（注：图例"金刚石 -12 mm"表示介质材料和立方体微剂量点的位置；图例"水-金刚

石-12 mm"表示由水得出同等大小金刚石微剂量点在 12 mm 位置处的沉积能量分布）

图 5-15 表明，在同一位置，改变微剂量点的大小，同等大小的金刚石和水体按照两者线性阻止本领比进行等效换算后得到的沉积能量分布与所等效材料中的沉积能量分布始终有很好的吻合度。图 5-16 表明，同等大小金刚石和水体在不同位置处的等效换算也是可以通过两者线性阻止本领比来实现的。另外，图 5-16 也印证了换算因子会随着透射深度而改变。综上，相同条件下，金刚石和生物组织的线性阻止本领比可以满足将金刚石微剂量探测器测得的沉积能量分布转换为同等大小生物组织中沉积能量分布的要求。

5.2.2   组织等效换算方法推导

如 5.1.2 小节所述，质子在相邻介质层中的沉积能量分布可以用查普曼–柯尔莫戈洛夫方程来描述［式（5-9）］。为了更清晰地阐述有关内容，将图5-8再次绘在此处，如图5-17所示。

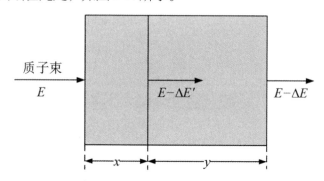

图5-17　质子在相邻介质层中能量损失的示意图

设介质层（$x+y$）的大小与微剂量点的尺寸相同，且介质层的材料为金刚石。如果质子在金刚石 x 层中沉积的能量分布与质子在生物组织（$x+y$）层中沉积的能量分布相同，那么可通过查普曼-柯尔莫戈洛夫方程得出同等大小金刚石与生物组织中沉积能量分布的等效换算方法。由于查普曼-柯尔莫戈洛夫方程实质是一个卷积表达式，因此，此处采用卷积定理来求解该方程。

设质子在（$x+y$）层金刚石中的沉积能量分布为 $F_1(\Delta E)$，用 $F_2(\Delta E)$ 表示质子在金刚石 x 层中的沉积能量分布，该分布与质子在生物组织（$x+y$）层中的沉积能量分布相同，将 $F_3(\Delta E)$ 设为质子在金刚石 y 层中的沉积能量分布。根据卷积定理，在傅里叶空间中，这三个分布函数有如下关系：

$$\mathrm{FT}[F_1(\Delta E)] = \mathrm{FT}[F_2(\Delta E)]\mathrm{FT}[F_3(\Delta E)] \tag{5-42}$$

式中，符号"FT"表示傅里叶变换。如前所述，$F(\Delta E)$ 在傅里叶空间的像函数有一个指数解，即

$$\mathrm{FT}[F(\Delta E)] = \mathrm{e}^{C(\Delta E)} \tag{5-43}$$

式中，$C(\Delta E)$ 为傅里叶空间的任意函数。

因此，式（5-42）可表示为

$$\mathrm{FT}[F_1(\Delta E)] = \mathrm{FT}[F_2(\Delta E)]^{\lambda} \tag{5-44}$$

式中，$\lambda=(x+y)/x$ 为换算因子。由于 $F_2(\Delta E)$ 也表示质子在同等大小生物组织中的沉积能量分布，因此，式（5-44）揭示了相同大小金刚石微剂量探测

器与生物组织中沉积能量分布的换算关系。理论上，金刚石微剂量探测器与生物组织中沉积能量的相互转换可通过卷积和逆卷积来完成，以位于水体膜中位置1处边长为10 μm的立方体金刚石和水体中沉积能量分布的相互转化为例，计算根据式（5-44）得出的换算结果，如图5-18所示。

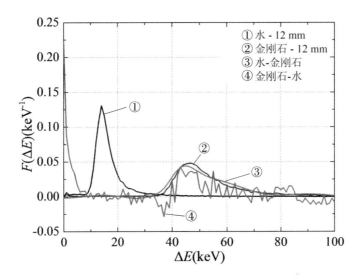

图5-18　水体膜中位置1处金刚石与水体沉积能量分布之间的相互转换

（注：图例"水 -12 mm"表示介质材料和微剂量点的位置；图例"水-金刚石"表示由水得到的同等大小金刚石微剂量点中的沉积能量分布）

如图5-18所示，将水体中沉积能量分布通过卷积转换为金刚石微剂量探测器中的沉积能量分布与GEANT4的计算结果具有较好的吻合度，而通过逆卷积将金刚石微剂量探测器中的沉积能量分布转化为水体中沉积能量分布的结果却并不令人满意。因此，直接通过逆卷积将金刚石微剂量探测器测得的能量沉积分布转化为同等大小生物组织中的沉积能量分布并不可行。

为得出同等大小金刚石与生物组织的沉积能量分布等效换算方法，借助沉积能量分布函数来完成相关推导。根据指数函数的傅里叶逆变换仍然是一个指数函数，沉积能量分布函数也有一个指数解：

$$F(\Delta E) = Ce^{k(\Delta E)} \tag{5-45}$$

式中，C 为任意常数；$k(\Delta E)$ 为任意函数，由每次相互作用过程中的沉积能量决定。鉴于式（5-45）的函数形式与高斯函数相似，且高斯函数也适用于表征入射粒子在介质中的沉积能量分布（见5.1.2小节）。因此，此处采用高斯函数来完成相关分析。

对于高斯分布而言，$k(\Delta E)$的表达式为

$$k(\Delta E) = -\frac{(\Delta E - \mu_E)^2}{2\sigma^2} \tag{5-46}$$

式中，μ_E表示在介质中沉积的平均能量；σ^2表示能量沉积分布的方差。

由式（5-46）可知，金刚石与生物组织中沉积能量分布函数分别为

$$F_1(\Delta E) = C_1 \exp\left[-\frac{(\Delta E - \mu_{E1})^2}{2\sigma_1^2}\right] \tag{5-47a}$$

$$F_2(\Delta E) = C_2 \exp\left[-\frac{(\Delta E - \mu_{E2})^2}{2\sigma_2^2}\right] \tag{5-47b}$$

式中，μ_{E1}和σ_1^2分别为金刚石中沉积能量分布的平均沉积能量和方差；μ_{E2}和σ_2^2分别为生物组织中沉积能量分布的平均沉积能量和方差；C_1和C_2分别是金刚石和生物组织中沉积能量分布函数的任意常数。

由式（5-44）及指数函数性质可知，金刚石和生物组织中平均沉积能量与方差存在以下关系：

$$\mu_{E1} = \lambda \mu_{E2} \tag{5-48a}$$

$$\sigma_1^2 = \lambda \sigma_2^2 \tag{5-48b}$$

将式（5-48）代入式（5-47）可得出金刚石与生物组织中沉积能量分布函数之间的等效换算关系为

$$\frac{F_1(\Delta E)}{C_1} = \exp\left[-\frac{\lambda(\Delta E/\lambda - \mu_{E2})^2}{2\sigma_2^2}\right] = \left[\frac{F_2(\Delta E/\lambda)}{C_2}\right]^\lambda \tag{5-49}$$

如5.1.2小节所述，当$\kappa \gg 1$时，入射粒子在介质中的沉积能量分布才服从高斯分布，也即上述换算关系仅在$\kappa \gg 1$时成立。

对于$\kappa \ll 1$，带电粒子能量沉积的分布是极不对称的偏态分布，它在最可几沉积能量处有一个宽峰，并且在较高能量区间内有一个长的拖尾。研究表明，Landau理论在$\kappa \ll 0.01$时对沉积能量分布有较好的适用性，而在

0.01＜κ≪1时，Vavilov理论则更为适用[99]。但由于这两种理论公式均较为复杂，很难根据相关公式得出组织等效换算的解析表达式，因此，这里采用一种较为实用的方法。

对于不服从高斯函数的沉积能量分布，其等效换算方法如下：

首先，在最可几沉积能量处将沉积能量分布分为两部分；

其次，构建一个以最可几沉积能量为中心的高斯分布，观察偏态分布不含拖尾的部分与该高斯函数的拟合度。

由于高斯分布的平均沉积能量与最可几沉积能量是相等的，且介质中最可几沉积能量可以根据测得的沉积能量分布确定，所以此处提出的高斯分布构造是可以实现的。

如果沉积能量分布服从高斯分布，那么它的平均沉积能量为[95]

$$\mu_E = NxS \tag{5-50}$$

对应的方差为

$$\sigma^2 = NxW \tag{5-51}$$

确定了最可几沉积能量，则可根据介质分子数、微剂量点的厚度求出阻止截面 S 的值，然后根据阻止截面 S 与歧离参数 W 的相关性［见式（5-22）］求出对应的方差值，最后根据式（5-24）求出以该最可几沉积能量为中心的高斯分布。需要注意的是，求得的高斯分布的幅值会高于测得的沉积能量分布，因此，需要将高斯分布按照测得的沉积能量分布的幅值进行换算。

若偏态分布不含拖尾的部分与求得的高斯函数拟合度较好，则按照式（5-49）对该部分进行等效换算。否则，对沉积能量分布使用偏态修正。

重带电粒子在辐照介质中的路径基本上是一条直线，它的能量损失取决于介质的阻止本领和路径长度。因金刚石与生物组织的几何维度、大小相同，所以质子在两种材料中的平均沉积能量及沉积能量分布的方差和偏度之间的差异可近似由它们之间的线性阻止本领来度量，即采用金刚石与生物组织的线性阻止本领比来完成沉积能量分布的偏态修正。需要指出的是，这只是对质子在不同介质中能量沉积分布差异的一种简单近似。

进行偏态修正后，式（5-49）变为

$$\frac{F_1(\Delta E)}{C_1} = \frac{F_2(\Delta E/\lambda)}{C_2} \tag{5-52}$$

沉积能量分布函数 $F_1(\Delta E)$、$F_2(\Delta E)$ 与任意常数 C_1 和 C_2 之间的关系可通过两者的期望来计算：

$$\alpha = \frac{E[F_1(\Delta E)/C_1]}{E[F_2(\Delta E/\lambda)/C_2]} = \frac{C_2}{C_1} \tag{5-53}$$

式中，α 表示分布函数 $F_1(\Delta E)$ 和 $F_2(\Delta E)$ 的期望值之比。因分布函数 $F_2(\Delta E)$ 的自变量 ΔE 缩小为 $\Delta E/\lambda$，故在计算 $F_2(\Delta E)$ 的期望时需用 $\Delta E/\lambda$ 来计算，否则需将 $F_2(\Delta E)$ 的期望除以 λ。

最终，得到金刚石微剂量探测器沉积能量分布与同等大小生物组织沉积能量分布的换算方法：

$$F_2(E/\lambda) = \begin{cases} \alpha C_1 \left[\dfrac{F_1(E)}{C_1}\right]^{\frac{1}{\lambda}} & \text{无偏态修正} \\[3ex] \alpha C_1 \left[\dfrac{F_1(E)}{C_1}\right] & \text{偏态修正} \end{cases} \tag{5-54}$$

5.3 组织等效换算方法验证

如5.1.1小节所述，选用了水和骨骼两种比较有代表性的组织材料作为参照物来研究固体微剂量探测器的组织等效换算，因此，在验证中计算了固体微剂量探测器与同等大小水体和骨骼之间的等效换算结果。考虑到换算因子会随着入射粒子的透射深度而变化，对生物组织体膜中不同透射深度下固体微剂量探测器的组织等效换算进行了验证，以检验提出方法的有效性和可靠性。具体如下：

（1）沿质子在水和骨骼体膜中的布拉格曲线选择不同的微剂量测量点；

（2）将微剂量点的材料分别设置为固体微剂量探测器材料（硅、金刚石）和组织材料（水、骨骼），通过GEANT4蒙特卡洛模拟程序计算选定测量点处质子在指定材料中的沉积能量分布；

（3）通过式（5-54）将固体微剂量探测器中的沉积能量分布进行组织等效换算，并将换算后的结果与对应生物组织中的沉积能量分布进行对比，评价该方法的换算效果。

在组织等效换算验证中，GEANT4蒙特卡洛模拟程序中配置的模拟环境与图5-14大致相同，如图5-19所示。

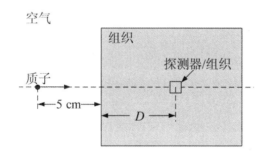

图5-19 组织等效换算验证中GEANT4模拟环境示意图

考虑到在5.2.1小节的分析中已经获取了部分数据，为节约计算资源，验证中仍使用50 MeV单能质子束，其他配置与5.2.1小节相同。略微有差别的是验证中加入了硅和骨骼材料，且仅使用大小为10 μm的立方体微剂量点。对水体膜而言，微剂量点的放置位置与5.2.1小节中相同（见表5-1所列），骨骼体膜中微剂量点的放置位置见表5-4所列。

表5-4 骨骼体膜中微剂量点的位置

体膜	位置1	位置2	位置3
骨骼	5 mm	12.5 mm	13.4 mm

与水体膜相同，骨骼体膜中的位置1、位置2、位置3也分别在布拉格曲线坪区、布拉格峰前端、布拉格峰后端选取。在GEANT4模拟中采用

FTFP_BERT[104]物理过程来模拟质子与指定介质之间的相互作用。在模拟环境搭建完成后，依次开展金刚石微剂量探测器和硅微剂量探测器组织等效换算的验证工作。

5.3.1 金刚石组织等效换算验证

1. 换算因子的验证

在4.3.2小节中，已对水体膜中不同透射深度下同等大小的金刚石与水体之间的等效换算因子进行了计算和验证，但尚未涉及相同大小金刚石与骨骼之间的等效换算。因此，为使验证结果更准确可靠，首先完成了不同透射深度下同等大小金刚石与骨骼之间的等效换算因子的计算和验证，计算结果见表5-5所列。

表5-5　边长为10 μm的金刚石和骨骼在骨骼体膜中不同位置处的沉积能量及相关数据

位置	材料	E_0 (MeV)	$S(E_0)$ (keV/μm)	E_{De} (keV)	R (μm)
位置1 5 mm	骨骼	38.324 2	2.543 5	25.441 4	5.274 5
	金刚石	38.324 2	4.820 6	48.246 0	10
	比率	1	1.895 9	1.896 4	1.895 9
位置2 12.5 mm	骨骼	9.926 5	7.534 2	75.571 5	5.223 2
	金刚石	9.926 5	14.423 9	145.097 5	10
	比率	1	1.914 5	1.920 0	1.914 5
位置3 13.4 mm	骨骼	2.508 6	21.879 8	226.448 5	5.132 7
	金刚石	2.508 6	42.599 1	458.148 5	10
	比率	1	1.947 0	2.023 2	1.948 3

表5-5中给出了不同透射深度下边长为10 μm的立方体金刚石和骨骼中的沉积能量及相关参数，参数E_0、$S(E_0)$、E_{De}和R的含义和计算方法与表5-2相同。可以看到，金刚石与骨骼的线性阻止本领比也与两者的射程比近似一致，因此，也采用线性阻止本领比作为同等大小金刚石与骨骼之间的等效换算因子。相关验证结果如图5-20所示。

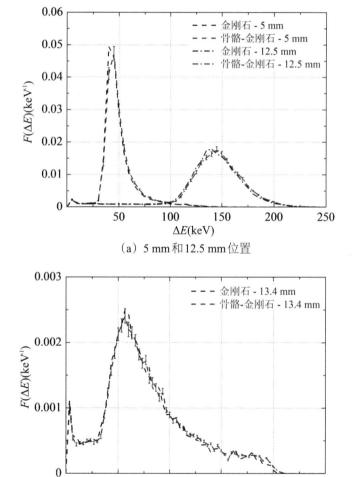

（a）5 mm和12.5 mm位置

（b）13.4 mm位置

图5-20　骨骼体膜中不同位置处金刚石与骨骼等效换算因子的验证结果

（注：图例的含义与图5-16类似）

由图5-20可知，在不同透射深度处，同等大小的金刚石和骨骼按照两者线性阻止本领比进行等效换算后得到的沉积能量分布与所等效材料中的沉积能量分布有很好的吻合度。这表明，5.2.1小节中金刚石和生物组织的线性阻止本领比可作为同等大小金刚石与生物组织之间的等效换算因子的结论是正确的。

2. 换算方法验证与分析

金刚石微剂量探测器与同等大小水体和骨骼组织等效换算所涉及的等效换算因子已全部得出并进行了验证，下面将按照式（5-54）的方法对金刚石微剂量探测器的沉积能量分布进行组织等效换算。由于两种生物材料在位置1和位置2处得到的沉积能量分布曲线无拖尾的部分服从构造的高斯分布，因此位置1和位置2处使用了偏态修正和非偏态修正。位置3处的沉积能量分布曲线由于与构造的高斯分布存在背离，修正中只采用了偏态修正。结果如图5-21和图5-22所示。

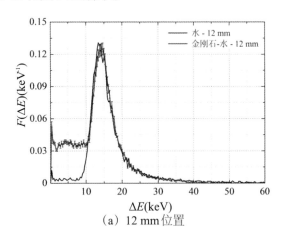

（a）12 mm位置

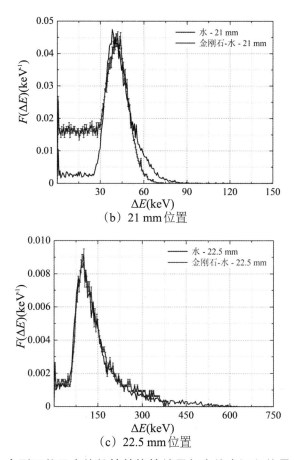

（b）21 mm 位置

（c）22.5 mm 位置

图 5-21　金刚石关于水体的等效换算结果与水体中沉积能量分布对比

（注：图例"水 -12 mm"表示介质材料和微剂量点的位置；图例"金刚石-水-
12 mm"表示由金刚石得出同等大小水体在 12 mm 位置处的沉积能量分布）

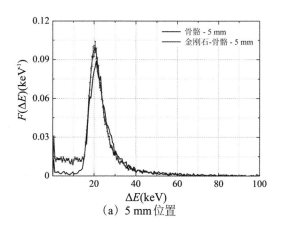

（a）5 mm 位置

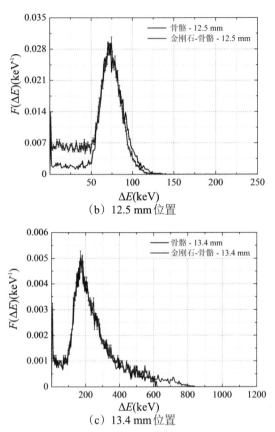

（b）12.5 mm 位置

（c）13.4 mm 位置

图 5-22　金刚石关于骨骼的等效换算结果与骨骼中沉积能量分布对比

（注：图例含义与图 5-21 类似）

如图 5-21 和图 5-22 所示，金刚石微剂量探测器组织等效换算的结果在骨骼和水体膜中相同位置显示出几乎相同的结果。在位置 1 处（布拉格曲线坪区），除分布曲线前端外，金刚石的组织等效换算结果与所对应水体和骨骼中沉积能量分布均有较好的吻合度，类似的修正结果也在位置 2 处（布拉格峰前端）出现。这可能是因为在对金刚石中沉积能量分布曲线 $F_1(E)$ 进行归一化处理［式（5-54）］时，增大了低能区的能量沉积的概率，最终导致等效换算结果中的低能区沉积能量概率偏大。为验证该推断的正确性，在进行金刚石组织等效换算时，取消了金刚石沉积能量分布曲线在低能区的归一化处理，相关结果如图 5-23 和图 5-24 所示。

在布拉格峰前端（位置2），由金刚石微剂量探测器换算得到的骨骼中沉积能量分布结果与相同情况下GEANT4计算的骨骼中的沉积能量分布的吻合度较好。而金刚石关于水体等效换算的结果与GEANT4的计算结果之间的吻合度却较差。这可能是由于金刚石的阻止本领较大，较低能量的质子入射后在金刚石微剂量探测器内部经历的碰撞次数较多，使得沉积能量分布更趋近于高斯分布［图5-16（a）］。骨骼因其阻止本领与金刚石相差较小，骨骼中的沉积能量分布也呈现出类似趋势［图5-20（a）］，因此，等效换算的效果较好。而水由于阻止本领远小于金刚石，该入射能量下的质子在水体中的碰撞次数相对较少，沉积能量分布的随机性并未得到相应的修正，因此金刚石等效换算结果与实际水体中沉积能量分布存在差距。当然，这只是对这一现象的一种简化描述，详细原因有待进一步研究[105]。

在布拉格峰后端（位置3），由金刚石微剂量探测器等效换算得到的沉积能量分布与水体和骨骼中的沉积能量分布均有良好的吻合度，但是在等效换算分布的尾部出现了截断［图5-21（c），图5-22（c）］。这可能是因为金刚石的阻止本领要大于水体和骨骼，在相同情况下一些低能质子可以穿过水体和骨骼却无法穿过金刚石，最终将全部能量沉积在金刚石探测器中，致使金刚石微剂量探测器测得的沉积能量分布在高能量区间（尾部）的能量沉积概率递减幅度较大［图5-16（b），图5-20（b）］，导致金刚石组织等效换算后的分布在尾部出现截断。

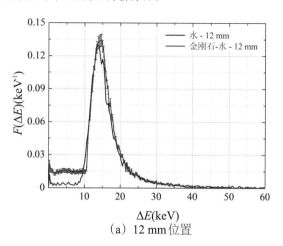

（a）12 mm位置

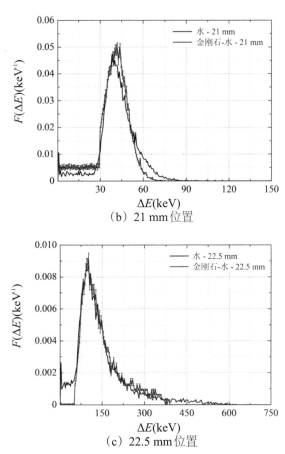

（b）21 mm 位置

（c）22.5 mm 位置

图5-23 归一化修正后金刚石的等效换算结果与水体中沉积能量分布对比

（注：图例含义与图5-21相同）

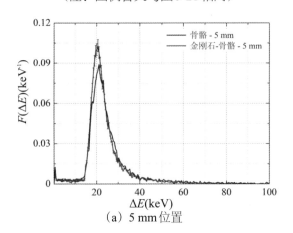

（a）5 mm 位置

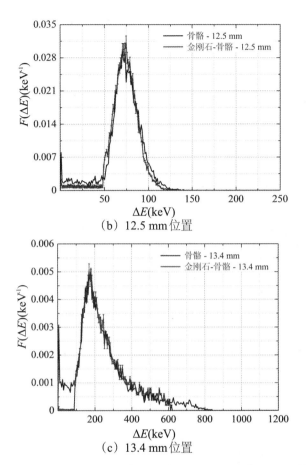

（b）12.5 mm位置

（c）13.4 mm位置

图5-24　归一化修正后金刚石的等效换算结果与骨骼中沉积能量分布对比

（注：图例含义与图5-21类似）

图5-23和图5-24表明，金刚石微剂量探测器测得的沉积能量分布在低能区的归一化取消后，由金刚石微剂量探测器等效换算的水体和骨骼中沉积能量分布与GEANT4得出的沉积能量分布在分布曲线前端的背离有所下降。由于骨骼的阻止本领比水更接近金刚石，因此归一化修正后骨骼的等效换算结果吻合度要好于水体。图5-23和图5-24也表明，取消对金刚石中沉积能量分布在低能区的归一化对修正结果的影响较小。

为评价该组织等效换算方法的效果，对金刚石微剂量探测器的换算结果与GEANT4的模拟结果进行量化对比，结果见表5-6所列。表5-6中，μ表示质子在介质中的平均沉积能量，σ^2表示沉积能量分布的方差，κ表示沉积能量分布的偏度，K表示分布曲线的峰度，RD表示等效换算结果的相对偏差；等效换算1表示直接根据式（5-54）换算得到的分布曲线，等效换算2表示进行归一化修正后换算得出的分布曲线。

表5-6　金刚石组织等效换算后的分布曲线与组织中沉积能量分布曲线特征参数对比

位置	分布曲线	μ	σ^2	κ	K	RD (%)
水体膜位置1	水体	17.55	95.61	5.70	94.16	—
	等效换算1	17.47	79.11	−0.69	2.54	0.45
	等效换算2	17.31	47.43	−0.04	4.54	1.37
水体膜位置2	水体	42.04	171.60	0.28	14.19	—
	等效换算1	41.87	423.34	−1.36	2.31	0.40
	等效换算2	40.75	160.89	−1.47	4.69	3.07
水体膜位置3	水体	144.59	8 945.30	1.78	6.86	—
	等效换算1	138.36	5 653.27	0.93	3.70	4.31
	等效换算2	136.43	4 684.48	1.69	4.93	5.64
骨骼体膜位置1	骨骼	25.80	164.89	3.82	36.44	—
	等效换算1	25.15	128.87	0.13	4.72	2.52
	等效换算2	24.94	83.45	1.62	8.84	3.33
骨骼体膜位置2	骨骼	71.71	466.49	−0.36	14.84	—
	等效换算1	70.46	874.13	−1.47	3.11	1.74
	等效换算2	68.44	256.54	−0.45	5.80	4.56
骨骼体膜位置3	骨骼	247.50	23 232.41	1.19	4.44	—
	等效换算1	232.47	16 365.52	0.71	3.25	6.07
	等效换算2	228.36	12 738.71	1.68	4.65	7.13

介质中的能量沉积是一个随机过程，沉积能量分布曲线的形状受以下参数制约[1]：

能量沉积事件数目的分布；

入射粒子线性能量转移（LET）的分布；

入射粒子在微剂量点中路径长度的分布；

碰撞数目的分布；

单次碰撞中授予能的分布；

沉积在微剂量点中的能量占比分布。

可知，很难用方差、偏度、峰度参数的值来定量评估等效换算结果与模拟结果之间的吻合度。因此，采用平均沉积能量进行修正结果与模拟结果之间吻合度的定量评估，用方差、偏度、峰度参数进行定性评估。

由表5-6可知，采用归一化修正降低了换算后的分布曲线平均沉积能量与方差，致使等效换算结果与实际沉积能量分布之间的相对偏差增大。但是，换算后的分布曲线偏度和峰度增加了，这表明采用归一化修正后等效换算的曲线与实际沉积能量分布曲线的吻合度有所提高。但对水体膜中位置2处（布拉格峰前端）的等效换算结果却显示出不一样的结果，通过偏度参数对比发现，模拟得到的沉积能量分布偏度为正，而换算结果的偏度却为负，这表明金刚石在水体膜中位置2处的修正结果并未达到预期效果。因此，关于金刚石微剂量探测器与水体的等效换算，尤其是在布拉格峰前端的等效换算，尚需进一步研究。

综上，提出的基于查普曼-柯尔莫戈洛夫方程和换算因子的固体微剂量探测器的组织等效换算方法在金刚石微剂量探测器测得的能量沉积分布向同等大小生物组织中的沉积能量分布的等效换算中取得了相对较好的结果，但是也发现了该方法在水体的等效换算，尤其是在布拉格峰前端的等效换算中尚存在不足。

5.3.2 硅半导体组织等效换算验证

尽管固体微剂量探测器的组织等效换算方法是以金刚石微剂量探测器为例进行推导的，但理论上也适用于硅微剂量探测器。因此，硅微剂量探测器的组织等效换算也采用式（5-54）来完成。由于前述分析中未涉及硅与生物组织（水、骨骼）等效换算因子的相关内容，故在开展硅微剂量探测器组织等效换算验证前，须先完成硅微剂量探测器组织等效换算因子的计算和验证。

如4.3节所述，硅介质的组织等效性略逊色于金刚石。为排除因探测器材料组织等效性差异而造成等效换算因子和换算结果的误差，同时也为对比硅和金刚石微剂量探测器的组织等效换算效果，在硅微剂量探测器组织等效换算验证中，相关模拟环境、微剂量点的大小以及不同体膜中微剂量点的位置均与金刚石微剂量探测器组织等效换算研究相同。

1. 换算因子的验证

与金刚石微剂量探测器类似，同等大小硅微剂量探测器与生物组织的等效换算因子也是基于入射质子在两者中的沉积能量来推导的。根据式（5-1）和式（5-41）计算出的指定透射深度下质子入射能量 E_0、硅及生物组织对能量为 E_0 的质子的线性阻止本领 $S(E_0)$、质子在同等大小硅及生物组织中的平均沉积能量 E_{De}、质子射程 R 等信息见表5-7和表5-8所列。

表5-7　边长为10 μm的硅和水体在水体膜中不同位置处的沉积能量及相关数据

位置	材料	E_0 (MeV)	$S(E_0)$ (keV/μm)	E_{De} (keV)	R (μm)
位置1 12 mm	水	32.674 9	1.747 3	17.478 1	5.417 5
	硅	32.674 9	3.225 5	32.269 6	10
	比率	1	1.846 0	1.846 3	1.845 9
位置2 21 mm	水	10.450 3	4.403 5	44.114 2	5.562 9
	硅	10.450 3	7.917 0	79.411 7	10
	比率	1	1.797 9	1.800 1	1.797 6
位置3 22.5 mm	水	2.818 4	12.430 1	126.495 5	5.854 5
	硅	2.818 4	21.258 3	218.706 4	10
	比率	1	1.710 2	1.729 0	1.708 1

表5-8　边长为10 μm的硅和骨骼在骨骼体膜中不同位置处的沉积能量及相关数据

位置	材料	E_0 (MeV)	$S(E_0)$ (keV/μm)	E_{De} (keV)	R (μm)
位置1 5 mm	骨骼	38.324 2	2.543 5	25.441 4	8.962 7
	硅	38.324 2	2.837 9	28.386 8	10
	比率	1	1.115 7	1.115 8	1.115 7
位置2 12.5 mm	骨骼	9.926 5	7.534 2	75.571 5	9.142 7
	硅	9.926 5	8.241 2	82.681 9	10
	比率	1	1.093 9	1.094 1	1.093 8
位置3 13.4 mm	骨骼	2.508 6	21.879 8	226.448 5	9.490 3
	硅	2.508 6	23.095 3	239.075 0	10
	比率	1	1.055 6	1.055 8	1.053 7

由表5-7和表5-8可知，硅和生物组织（水体和骨骼）的线性阻止本领比与硅和生物组织的射程比较为接近，这再次印证了采用探测器介质和生物组织的线性阻止本领比作为同等大小固体微剂量探测器与生物组织之间的等效换算因子是可行的。硅微剂量探测器的组织等效换算因子验证结果如图5-25和图5-26所示。

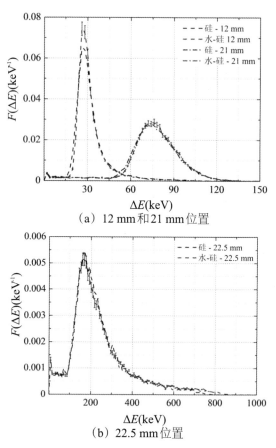

（a）12 mm 和 21 mm 位置

（b）22.5 mm 位置

图 5-25 水体膜中不同位置处硅与水体等效换算因子的验证结果

（注：图例的含义与图 5-16 类似）

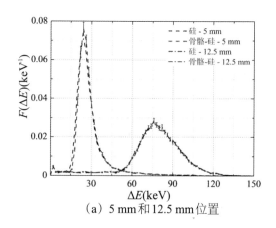

（a）5 mm 和 12.5 mm 位置

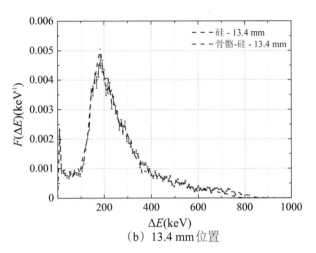

（b）13.4 mm 位置

图 5-26　骨骼体膜中不同位置处硅与骨骼等效换算因子的验证结果

（注：图例的含义与图 5-16 类似）

图 5-25 和图 5-26 表明，同等大小的硅与生物组织在相同条件下按照两者线性阻止本领比进行等效换算后得到的沉积能量分布与所等效材料中的沉积能量分布有很好的吻合度。由此可知，相同条件下探测器介质和生物组织的线性阻止本领比作为同等大小固体微剂量探测器与生物组织之间的等效换算因子的结论是成立的。

2. 换算方法验证与分析

组织等效换算验证中所涉及的同等大小硅微剂量探测器与生物组织等效换算因子已经得出并进行了验证，下面将根据式（5-54）将硅微剂量探测器中测得的沉积能量分布进行组织等效换算。相关换算结果与对应生物组织中沉积能量分布的对比结果如图 5-27（水）和图 5-28（骨骼）所示。

图 5-27 和图 5-28 中，由硅微剂量探测器等效换算得到的水体和骨骼中沉积能量分布与 GEANT4 得出的沉积能量分布的吻合情况整体上与金刚石微剂量探测器的换算结果相似。唯一有所区别的是，在水体膜布拉格曲线坪区（位置 1），硅微剂量探测器等效换算得到的水体中沉积能量分布与 GEANT4 得出的沉积能量分布吻合度较差，这与等效性研究中图 4-13 近似一致，这也验证了相同条件下，硅的组织等效性略逊色于金刚石。

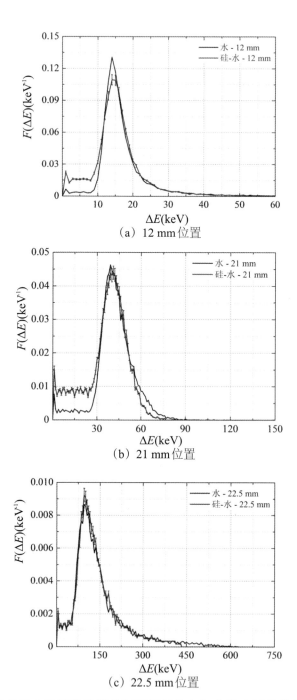

（a）12 mm位置

（b）21 mm位置

（c）22.5 mm位置

图5-27　硅关于水体等效换算的沉积能量分布与水体中沉积能量分布对比

（注：图例含义与图5-21类似）

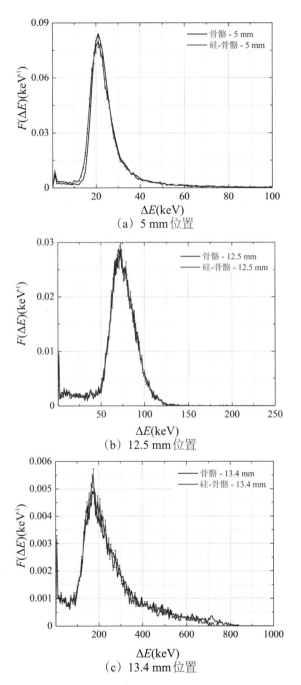

（a）5 mm 位置

（b）12.5 mm 位置

（c）13.4 mm 位置

图 5-28　硅关于骨骼等效换算的沉积能量分布与骨骼中沉积能量分布对比

（注：图例含义与图 5-21 类似）

图5-27中，在布拉格曲线坪区和布拉格峰前端，硅微剂量探测器等效换算的水体中沉积能量分布与GEANT4得出的沉积能量分布在分布曲线前端也观察到了偏差。在金刚石微剂量探测器组织等效换算验证中已经分析并论证了偏差产生的原因，这里不再赘述。由硅微剂量探测器等效换算的骨骼中沉积能量分布与GEANT4得出的沉积能量分布吻合度较好（图5-28），且未在分布曲线前端发现背离，这可能是因为硅与骨骼的线性阻止本领较为接近（表5-8）。

同样地，对硅微剂量探测器的换算结果与GEANT4的模拟结果也进行了量化分析，以评价式（5-54）在硅微剂量探测器中的组织等效换算效果，结果见表5-9所列。表5-9中，相关参数的含义与表5-6相同。

表5-9　硅组织等效换算得到的曲线与组织中沉积能量分布曲线特征参数对比

位置	分布曲线	μ	σ^2	κ	K	RD (%)
水体膜位置1	水体	17.55	95.61	5.70	94.16	—
	等效换算1	17.84	76.47	2.11	47.48	1.68
水体膜位置2	水体	42.04	171.60	0.28	14.19	—
	等效换算1	41.87	300.72	−1.32	4.00	2.55
水体膜位置3	水体	144.59	8 945.30	1.78	6.86	—
	等效换算1	132.19	5 466.01	1.35	5.29	8.38
骨骼体膜位置1	骨骼	25.80	164.89	3.82	36.44	—
	等效换算1	25.09	141.42	2.53	13.89	2.76
骨骼体膜位置2	骨骼	71.71	466.49	−0.36	14.84	—
	等效换算1	71.82	506.77	−0.15	15.11	0.15
骨骼体膜位置3	骨骼	247.50	23 232.41	1.19	4.44	—
	等效换算1	233.88	18 414.16	1.07	4.20	5.50

由表5-9可知，硅微剂量探测器在水体膜中位置2处（布拉格峰前端）的组织等效换算结果同样未达到预期效果，而在骨骼体膜中位置2处的组织等效换算结果却显示出良好的结果。因此，仍然认为这跟较低能量质子在硅和水体中相互作用的次数有关，具体成因将在以后的工作中做进一步研究。但总体来看，提出的组织等效换算方法在硅微剂量探测器的组织等效换算中也取得了相对较好的成果。综合硅和金刚石的组织等效换算结果可知，提出的组织等效换算方法在水体的组织等效换算中，金刚石微剂量探测器的换算效果要优于硅微剂量探测器；而在骨骼的组织等效换算中，由于硅与骨骼对质子的线性阻止本领相近，硅微剂量探测器的换算效果要优于金刚石微剂量探测器。综上，提出的组织等效换算方法在固体微剂量探测器的组织等效换算中有一定的适用性，但在水体膜中位置2处（布拉格峰前端）的等效换算上尚存在不足。因此，有必要围绕提高该方法的应用效果开展进一步研究。

第六章

微剂量探测器正比放大研究

为准确表征入射辐射与生物组织的相互作用，固体微剂量探测器的灵敏体积通常只有微米大小，致使入射粒子在探测器中产生的信号幅度较小，一些低能沉积事件的辐射信号会因幅度过小而湮没在前置放大电路的系统噪声中，最终导致固体微剂量探测器测量范围仅能涵盖布拉格峰。而组织等效正比计数器因能实现辐射信号正比放大，可胜任沿布拉格曲线上任何位置的沉积能量探测，如果可以为固体微剂量探测器输出的信号提供正比，将有助于固体微剂量探测器的测量范围扩展至整个布拉格曲线。

一般而言，只有在正比计数器等气体探测器中才会发生电子倍增过程。因为气体介质的密度小，电子自由程大，辐射产生的自由电子能在外加电场中获得足够的能量与气体发生二次电离，从而实现电子倍增。如果能将入射辐射在固体探测器中产生的自由电子也加速到能与探测器介质发生二次电离所需的能量，那么，在固体探测器中发生电子倍增理论上也是可能的。金刚石由于击穿电压大，根据气体倍增理论，其在临界工作条件下具备发生电子倍增的条件。因此，选用金刚石来探讨在固体微剂量探测器中实现信号正比放大的可行性。

6.1 固体微剂量探测器正比放大理论设计

为完成金刚石微剂量探测器实现辐射信号正比放大可行性的探讨，首先开展了正比型金刚石微剂量探测器的理论设计。考虑到固体材料的加工难度以及理论分析的便利，探讨的正比型金刚石微剂量探测器采用同心圆柱形结构。以同心圆柱形结构实现探测器内部电场呈梯度分布，从而改变粒子输运特性，为辐射信号提供正比放大，进而实现探测器相关性能的优化和提升。

根据相关研究发现，信号的正比放大有助于提升信号的探测阈值。探测阈值是作为引起辐射测量系统响应的最低能量值，是衡量辐射测量系统性能的重要指标之一，它与探测器输出、后续电路系统噪声等紧密相关。探测阈值计算的经验公式为[10]

$$E_{\min} \approx \frac{5e_{\mathrm{rms}}W}{G} \tag{6-1}$$

式中，$E_{\min}$ 表示探测阈值；e_{rms} 表示系统的电子噪声，常采用前置放大器输入电子数的均方根来表示；W 表示产生一个电子–空穴对的平均电离能；G 表示正比放大倍数。

金刚石的平均电离能为 13 eV，一般电子系统噪声的典型值 e_{rms} 约为 350，由式（6-1）可得出无正比放大时金刚石微剂量探测器的探测阈值约为 22.75 keV。当为探测器输出信号提供正比放大时，金刚石微剂量探测器的探测阈值随放大倍数的变化可根据式（6-1）得到，如图 6-1 所示。

由图 6-1 可知，随着放大倍数的增加，正比型金刚石微剂量探测器探测阈值逐渐减小。因此，为金刚石微剂量探测器提供适当的正比放大倍数有助于降低探测阈值，提高辐射测量系统的探测能力。

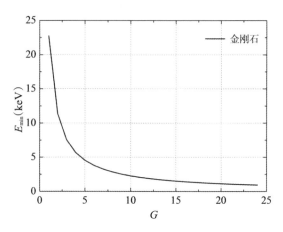

图6-1 金刚石探测器探测阈值与放大倍数的关系

6.1.1 金刚石微剂量探测器正比放大设计

微剂量学探讨的是入射辐射在细胞中的沉积能量分布。作为细胞等效模型的固体微剂量探测器，其大小自然需要与生物细胞相当。但人体细胞由于功能不同，在形状、大小上均存在差异。一般而言，除卵细胞外，大部分人体细胞的尺寸介于 $1 \sim 100 \, \mu m$[106]。本小节以 $10 \, \mu m$ 大小细胞为例，完成同等大小正比型金刚石微剂量探测器的设计，探测器具体结构如图6-2所示。

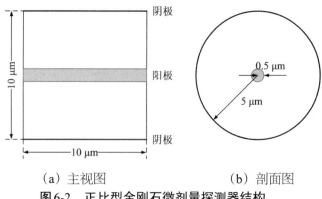

（a）主视图　　　　　（b）剖面图

图6-2 正比型金刚石微剂量探测器结构

如图6-2所示,该正比型金刚石微剂量探测器的直径和高度相同,均为10 μm。为使探测器更准确地表征入射粒子与物质的相互作用,需尽可能减小阳极对探测器中能量沉积事件的影响,因此,将阳极半径设为0.5 μm。当然,这只是关于正比型金刚石微剂量探测器可行性探讨的一个设计实例,探测器的相关参数可结合需要进行调节。

6.1.2 金刚石探测器正比放大理论的可行性

1. 起始倍增的临界条件

辐射信号的正比放大主要是初级电离产生的电子在电场作用下与探测器材料发生二次电离引起的。理论上,当电子从外加电场获得的能量大于电子和金刚石相互作用损失的能量时就会发生电子倍增。根据阻止本领理论,电子与介质相互作用的能量损失取决于电子能量,不同能量电子在金刚石中能量损失的相关数据可以在 NIST 的 ESTAR 数据库找到[81],如图6-3所示。

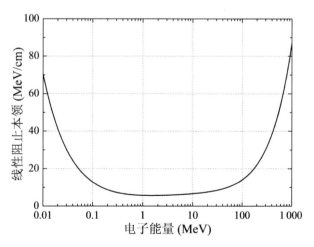

图6-3　金刚石对电子的阻止本领变化趋势

由图6-3可知，当电子能量小于1.5 MeV时，金刚石对电子的阻止本领随着电子能量的增加而逐步降低，在电子能量大于1.5 MeV后，金刚石对电子的阻止本领随着电子能量的增加而增大。由式（3-47）和图6-3可知，当电子在外加电场下移动单位距离获得的能量约为6.25 MeV时，电子获得的能量将超过相互作用的能量损失。即当外加电场强度为6.25 MV/cm时，将达到粒子倍增的临界条件。

结合探测器结构，计算得出起始倍增时的工作电压：

$$U_1 = a\ln(b/a)E_1 \approx 719.56 \text{ V} \tag{6-2}$$

式中，U_1和E_1分别为粒子倍增临界条件下的外加电压和电场强度。

2. 工作电压的临界条件

探测器的外加电压如果过高，会导致金刚石材料被击穿。据报道，金刚石的击穿电场强度为10^7 V/cm[85]，该值略大于粒子起始倍增的临界值，因此，在金刚石微剂量探测器中实现信号正比放大理论上是可行的。为确保正比型金刚石微剂量探测器正常工作，其外加电场强度需要在击穿电场强度以下。根据同心圆柱形结构的内部电场分布，电场强度会在阳极处达到最大，因此，需确保阳极处的电场强度小于击穿电场强度。

由此，得出工作电压的临界条件：

$$U_2 = a\ln(b/a)E_2 \approx 1\,151.29 \text{ V} \tag{6-3}$$

综合式（6-2）和式（6-3）可知，给出的正比型金刚石微剂量探测器在现有理论上是具备实现信号正比放大的可能的。

3. 正比放大的理论情况

如3.3.3小节所述，当电子获得的能量超过相互作用的能量损失时，多余的能量将会全部用于二次电离。由图6-3可知，电子能量大于1.5 MeV时，电子与金刚石材料相互作用的能量损失会随着电子能量增大而增大。因此，计算中不能忽视相互作用的能量损失。

则金刚石微剂量探测器的正比放大倍数应为

$$\ln G = \int_a^c \frac{E_K - \Delta E(E_K)}{I} \mathrm{d}r \tag{6-4}$$

式中，$\Delta E(E_K)$ 表示电子与金刚石材料相互作用的能量损失，通常由式（3-45）来求得，它是关于电子动能的函数。由于式（3-45）较为复杂，$E_K - \Delta E(E_K)$ 较难得到解析解，很难通过式（6-4）计算金刚石微剂量探测器正比放大倍数的理论值。因此，需要对线性阻止本领进行简化以便完成正比放大倍数的理论计算。由图6-3可知，当电子能量大于 1.5 MeV 时，电子与金刚石材料相互作用损失的能量与电子能量的变化近似线性。综上，通过对电子在金刚石中的能量损失进行线性拟合得出换算关系式，再将其代入式（6-4）求解正比放大倍数。

金刚石对能量在 1.5～1 000 MeV 内电子的线性阻止本领与电子能量之间线性拟合的结果如图6-4所示。可知，线性拟合的调整拟合优度 R^2 近似为1，这表明线性拟合函数的结果与相应数据具有较好的吻合度。

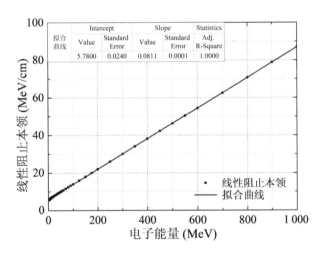

图6-4 电子线性阻止本领的拟合结果

由图6-4可得，金刚石对能量在 1.5～1 000 MeV 内的电子的阻止本领为

$$\Delta E(E_K) = 0.0811 E_K + 5.78 \tag{6-5}$$

综上，正比型金刚石微剂量探测器的正比放大倍数为

$$\ln G = \int_a^c \frac{1}{I}\left[0.9189 \frac{eU}{r \ln(b/a)} - 5.78 \right] dr \tag{6-6}$$

至此，得出了正比型金刚石微剂量探测器正比放大倍数的理论计算公式。

由式（6-6）得出的探测器在正比电压区间内的放大倍数见表6-1所列。

表6-1　不同外加电压下正比型金刚石微剂量探测器的理论放大倍数

外加电压（V）	正比放大倍数
750	0.988 7
800	1.004 4
850	1.036 2
900	1.084 6
950	1.151 0
1 000	1.237 3
1 050	1.346 6
1 100	1.482 8
1 150	1.651 3

由表6-1可知，给出的正比型金刚石微剂量探测器在理论上是可以实现辐射信号正比放大的。

6.2　金刚石微剂量探测器正比放大理论验证

尽管现有理论分析结果显示出在金刚石微剂量探测器中实现信号正比放大是可行的，但为确保结果可靠，还需对理论分析结果进行验证。Garfield++作为一个模拟气体或半导体介质中电离及粒子输运过程的工具包，它可以实现探测器内部电场计算、气体中电子输运特性分析、带电粒子电离模型计算等功能[107]。这些功能都是通过Garfield++工具包中不同的类以及不同类之间的相互联系来实现的。图6-5给出了Garfield++中的主要类及其相互联系。

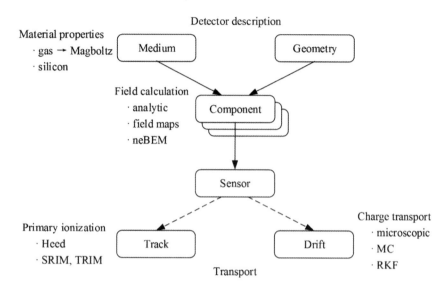

图6-5　Garfield++中的主要类及其相互联系说明图

Garfield++中的电场计算主要通过以下方式实现：

（1）解决由电线和平面制成设备的细线限制；

（2）与有限元程序交互，可以计算几乎任何二维和三维电介质和导体中的近似场；

（3）与Synopsys Sentaurus设备仿真程序交互；

（4）与neBEM场求解器交互[108]。

关于气体中电子输运特性的计算主要是通过与Magboltz程序的交互实现的[109]。

相对论性带电粒子产生的电离模型的模拟用"Heed"程序来完成[110]，而低能离子的电离则通过SRIM软件包来模拟[111]。

Garfield++还包含了许多用于可视化的类，用于绘制漂移线、静电势的等值线或探测器的布局。这些类的实现依赖于ROOT框架。

综上，Garfield++可帮助了解探测器内部电场分布、粒子输运过程，因此，采用Garfield++工具包来完成提出的正比计数器和正比型金刚石微剂量探测器的理论验证工作。

值得一提的是，Garfield++也在半导体材料库中提供了金刚石的相关信息，这为完成同心圆柱形结构金刚石微剂量探测器的正比放大倍数验证提供了可能。因此，关于金刚石微剂量探测器正比放大的理论验证主要通过Garfield++工具包来完成。

6.2.1 验证方案

按照6.1.2小节给出的探测器的相关参数，在Garfield++程序中构建一个相同的同心圆柱形结构金刚石微剂量探测器，配置好探测器的工作环境后，根据入射辐射在探测器内产生的电子数和阳极处收集到的电子数计算该金刚石微剂量探测器的正比放大倍数。具体如下：

（1）按照图6-2在Garfield++中构建与理论设计中金刚石微剂量探测器结构及参数相同的几何体，并将几何体的材料设置为金刚石；

（2）为构建的几何体添加电场分析组件；

（3）在构建的几何体中添加阳极和外电场；

（4）将构建完成的几何体设置为探测设备；

（5）设置入射粒子种类和能量，在正比型金刚石微剂量探测器的理论验证中辐射源仍使用50 MeV的单能质子，质子在垂直于圆柱径向半径的1/2处进入探测器；

（6）统计质子在探测器内产生的电子数；

（7）计算探测器阳极处采集到的电子数。

在验证中，探测器外加电场的电压与表6-1中列出的电压保持一致，以检验正比型金刚石微剂量探测器放大倍数理论计算结果的准确性和可靠性。

6.2.2 结果与分析

由Garfield++工具包得出同心圆柱形结构金刚石微剂量探测器在理论正比区（719.56～1 151.29 V）内的正比放大倍数，见表6-2所列。

表6-2　正比放大倍数的理论结果与Garfield++计算结果对比

外加电压	放大倍数理论结果	Garfield++计算结果		
		产生的电子数	采集的电子数	放大倍数
750	0.988 7	342	342	1
800	1.004 4	267	267	1
850	1.036 2	234	234	1
900	1.084 6	281	281	1
950	1.151 0	331	331	1
1 000	1.237 3	230	230	1
1 050	1.346 6	256	256	1
1 100	1.482 8	282	282	1
1 150	1.651 3	269	269	1

由表6-2可知，在Garfield++的模拟中，该金刚石微剂量探测器在理论正比放大区间内并未出现电子倍增。为分析相关原因，调用工具包中相关程序块计算了探测器内部电场分布，结果如图6-6所示。

由图6-6可知，该探测器内部的电场强度在不同外加电压下发生了改变，表明理论上粒子倍增所需的电场已经正确地添加。为进一步探明原因，计算了载荷子在不同外加电场下的漂移速度，结果如图6-7所示。

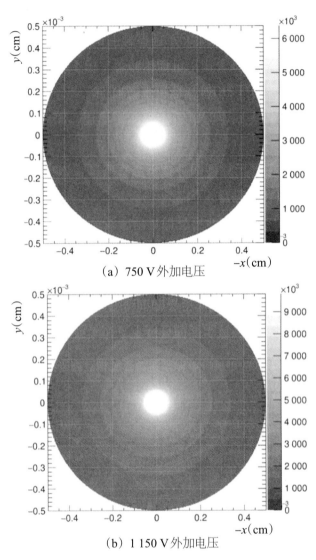

（a）750 V 外加电压

（b）1 150 V 外加电压

图6-6　750 V 和 1 150 V 外加电压下探测器内部的电场强度分布

由图6-7可知，金刚石中载荷子的漂移速度会随电场强度增大而增加，但当电场强度较高时，载荷子漂移速度的增速会逐渐变缓并趋于零。即在高电场下，金刚石中载荷子的漂移速度会趋于饱和。Garfield++工具包中给出的电子饱和漂移速度为 $v_s = 2.6 \times 10^{-2}$ cm/ns，这与Pomorski的实测数据相当[83]。金刚石中电子在饱和速度下的能量：

$$E_K = \frac{m_e c^2}{\sqrt{1-(v_s/c)^2}} - m_e c^2 = 0.192\,2\ \text{eV} \qquad (6\text{-}7)$$

该值远小于理论分析中电子起始倍增所需要的能量。

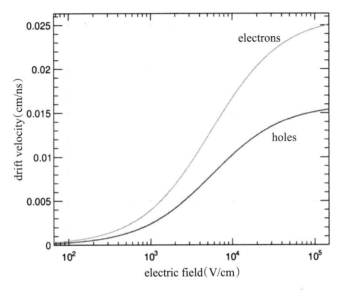

图6-7　金刚石中载荷子的漂移速度

可知，由于金刚石中电子的漂移速度会随着外加电场的增加而趋于饱和，且饱和漂移速度下的能量远小于电子倍增所需的能量，因此在金刚石微剂量探测器中实现辐射信号正比放大并不可行。

相关研究显示，高电场下半导体材料中载荷子漂移速度出现饱和是因为载荷子从电场中获得的能量以声子散射的形式损失掉了[83]。Ferry 指出，高电场时金刚石半导体中谷间声子（intervally phonon）的密度远大于其他声子，它是造成能量损失的主要原因[112]。Jin 等发现增加应力有助于提高半导体载荷子的漂移速度，这是因为应力会破坏结构对称性，导致谷间声子散射显著降低，进而影响载荷子漂移速度[113]。Fischetti 等通过研究发现，对价带进行分割有助于提高半导体介质的载荷子漂移速度[114]。需要指出的是，这些研究都是以硅半导体为依托进行的，且并未涉及对载荷子饱和速度的影响研究，因此，相关方法对金刚石中载荷子漂移速度的影响效果，尤其是饱和漂移速度的影响尚需进一步研究。Nava 和 Reggiani 等研究了温度对金刚石中载荷子漂移速度的影响。结果发现，载荷子漂移速度趋于饱和时，电场强度与温度呈正相关，但载荷子的饱和漂移速度大小却不受温度的影响[115-116]。

综上，可认为在当前条件下，由于声子散射，金刚石材料中载荷子的漂移速度会在高电场时逐渐趋于饱和，入射辐射产生的电子并不能通过外加电场获得理论倍增所需的能量，在金刚石微剂量探测器中实现电子倍增暂不可行。由此可知，在固体微剂量探测器中通过对辐射信号进行正比放大来实现低能沉积事件的探测，进而将固体微剂量探测器的测量范围扩展至整个布拉格曲线尚不可行。因此，提高固体微剂量探测器对低能沉积事件的探测能力还需寻找新的路径和方法。

6.3 结语

为提高微剂量探测器在辐射生物效应评估中的应用效果，针对组织等效正比计数器的正比放大机制和固体微剂量探测器的组织等效换算开展了相关研究。与此同时，考虑到辐射信号正比放大对探测器性能的影响，以金刚石微剂量探测器为例，探讨了在固体微剂量探测器中实现辐射信号正比放大的可行性。

在计数器的正比放大机制研究中，由于求解玻尔兹曼方程和确定电子倍增起始点的问题，以粒子通量为切入点，借助连续方程分析了正比计数器的粒子输运特性、运用泊松方程计算了计数器的空间电荷效应、基于经典粒子输运理论和阻止本领理论确定了电子倍增的起始点并推导了正比放大倍数的计算公式，最后将理论结果与 Kowalski 和 Mazed 的实验数据进行对比验证。结果发现，基于连续方程和线性阻止本领推导的组织等效正比计数器的粒子输运和倍增模型与实验数据有较好的吻合度。

在固体微剂量探测器的组织等效换算研究中，基于入射粒子在探测器介质和生物组织中沉积能量分布的等效性确定了固体微剂量探测与生物组织的等效换算因子。然后，结合统计物理中的查普曼–柯尔莫戈洛夫方程推导了固体微剂量探测器中沉积能量分布与同等大小生物组织中沉积能量分布的等效换算方法。结果显示，该方法在固体微剂量探测器的组织等效换算中具有一定的适用性，但也存在一些不足，有必要围绕提高该方法的应用效果开展进一步研究。

最后，以在固体微剂量探测器中实现低能沉积事件探测为出发点，探讨了在固体微剂量探测器中提供信号正比放大来实现固体微剂量探测器测量范围扩展至整个布拉格曲线的可行性。经过论证发现，在现有条件下，由于声子散射，金刚石中载荷子的漂移速度会随着外加电场的增加而趋于饱和，且饱和速度下的电子能量远小于理论倍增所需的能量，因此，要在固体微剂量探测器中进行辐射信号正比放大以实现固体微剂量探测器对低能沉积事件的探测，进而将固体微剂量探测器的测量范围扩展至整个布拉格曲线尚不可行。

综上所述，本书完成了辐射生物效应评估中涉及的微剂量学探测器的研究工作并取得了一定的成效。但也应注意到在关于固体微剂量探测器的组织等效换算研究中，提出的方法还存在不足，在今后的工作中，将围绕该方法开展进一步研究，以提高该方法的适用性和可靠性。

参 考 文 献

[1] ROSSI H H, ZAIDER M. Microdosimetry and Its Applications [M]. Berlin, Heidelberg: Springer, 1996.

[2] CHEN D, SUN L. Application of microdosimetry on biological physics for ionizing radiation [J]. Chinese Physics B, 2018, 27 (2): 10-14.

[3] DAVIS J A, LAZARAKIS P, VOHRADSKY J, et al. Tissue equivalence of diamond for heavy charged particles [J]. Radiation Measurements, 2019, 122: 1-9.

[4] AGOSTEO S, POLA A. Silicon microdosimetry [J]. Radiation Protection Dosimetry, 2011, 143(2-4): 409-415.

[5] KOWALSKI T Z. Gas amplification factor in Kr + iso-pentane filled proportional counters [J]. Nuclear Instruments and Methods in Physics Research, 1983, 216(3): 447-454.

[6] OTHMAN A. Gas amplification factor in neon-nitrogen filled proportional counters [J]. Nuclear Instruments and Methods in Physics Research A, 1988, 270(2-3): 492-497.

[7] BRONIĆ I K, GROSSWENDT B. Gas amplification and ionization coefficients in isobutane and argon-isobutane mixtures at low gas pressures [J]. Nuclear Instruments and Methods in Physics Research B, 1998, 142(3): 219-244.

[8] MORO D, CHIRIOTTI S, COLAUTTI P, et al. TEPC gas gain measurements in propane [J]. Radiation Protection Dosimetry, 2014, 161(1): 459-463.

[9] BOLST D, GUATELLI S, TRAN L T, et al. Correction factors to convert microdosimetry measurements in silicon to tissue in 12C ion therapy [J]. Physics in Medicine and Biology, 2017, 62(6), 2055-2069.

[10] BRADLEY P D, ROSENFELD A B, ZAIDER M. Solid state microdosimetry [J].

Nuclear Instruments and Methods in Physics Research Section B, 2001, 184(1-2): 135-157.

[11] DAVIS J A, GUATELLI S, PETASECCA M, et al. Tissue Equivalence Study of a Novel Diamond-Based Microdosimeter for Galactic Cosmic Rays and Solar Particle Events [J]. IEEE Transactions on Nuclear Science, 2014, 61(4): 1544-1551.

[12] BRABY L A. Experimental microdosimetry: history, applications and recent technical advances [J]. Radiation Protection Dosimetry, 2015, 166: 3-9.

[13] BENJAMIN P W, KEMSHALL C D, REDFEARN J. A high-resolution spherical proportional counter [J]. Nuclear Instruments and Methods, 1968, 59(1): 77-85.

[14] 姜志刚, 王和义, 袁永刚, 等. 基于Benjamin结构的球形组织等效正比计数器气体放大倍数的模拟与实验研究[J]. 核技术, 2015, 38(8): 15-20.

[15] KLIAUGA P. Measurements of single event energy deposition spectra at 5 nm to 250 nm simulated site sizes [J]. Radiation Protection Dosimetry, 1990, 31: 119-123.

[16] NARDO L D, COLAUTTI P, HÉRAULT J, et al. Microdosimetric characterisation of a therapeutic proton beam used for conjunctival melanoma treatments [J]. Radiation Measurements, 2010, 45(10): 1387-1390.

[17] 郑文忠, 唐明华, 李从裕, 等. 用于微剂量测量的圆柱型无壁组织等效正比计数器 [J]. 辐射防护, 1986, (3): 161-169.

[18] 朱连芳, 李学宽, 陈学兵, 等. 用圆柱型流气式组织等效正比计数器测定α粒子微剂量谱[J]. 核技术, 1998, 9: 3-5.

[19] 张伟华, 王志强, 肖雪夫, 等. 组织等效正比计数器结构优化设计[J]. 原子能科学技术, 2014, 48(5): 930-933.

[20] DICELLO J F, AMOLS H I, ZAIDER M, et al. A comparison of microdosimetric measurements with spherical proportional counters and solid-state detectors [J]. Radiation Research, 1980, 82: 441-453.

[21] ROSENFELD A B, BRADLEY P D, CORNELIUS I, et al. A new silicon detector for microdosimetry applications in proton therapy [C]. IEEE Nuclear Science Symposium, 1999, 47: 1386-1394.

[22] DAVIS J A. Diamond microdosimetry for radioprotection applications in space [D].

Wollongong: University of Wollongong, 2015.

[23] ROSENFELD A B. Novel detectors for silicon based microdosimetry, their concepts and applications [J]. Nuclear Instruments and Methods in Physics Research Section A, 2016, 809: 156-170.

[24] TRAN L T, CHARTIER L, PROKOPOVICH D A, et al. Thin Silicon Microdosimeter Utilizing 3-D MEMS Fabrication Technology: Charge Collection Study and Its Application in Mixed Radiation Fields [J]. IEEE Transactions on Nuclear Science, 2017, 65(1): 467-472.

[25] SAMNØY A T, YTRE-HAUGE K S, MALINEN E, et al. Microdosimetry with a 3D silicon on insulator (SOI) detector in a low energy proton beamline [J]. Radiation Physics and Chemistry, 2020, 176: 109078.

[26] AGOSTEO S, FALLICA P G, FAZZI A, et al. A feasibility study of a solid-state microdosimeter [J]. Applied Radiation and Isotopes, 2005, 63(5): 529-535.

[27] AGOSTEO S, CIRRONE G, D'ANGELO G, et al. Feasibility study of radiation quality assessment with a monolithic silicon telescope: Irradiations with 62 AMeV carbon ions at LNS-INFN [J]. Radiation Measurements, 2011a, 46 (12): 1534-1538.

[28] AGOSTEO S, COLAUTTI P, FANTON I, et al. Study of a solid state microdosemeter based on a monolithic silicon telescope: irradiations with low-energy neutrons and direct comparison with a cylindrical TEPC [J]. Radiation Protection Dosimetry, 2011b, 143 (2-4): 432-435.

[29] AGOSTEO S, CORSO F, FAZZI A, et al. The INFN Micro-Si experiment: A silicon microdosimeter for assessing radiation quality of hadrontherapy beams [J]. AIP Conference Proceedings, 2013, 1530(1): 148-155.

[30] BRABY L A, CONTE V, DINGFELDER M, et al. ICRU Report 98, Stochastic Nature of Radiation Interactions: Microdosimetry [R]. Journal of the ICRU, 2023, 23 (1): 1-168.

[31] KOZLOV S F, STUCK R, HAGE-ALI M, et al. Preparation and characteristics of natural diamond nuclear radiation detectors [J]. IEEE Transactions on Nuclear Science, 1975, 22(1): 160-170.

[32] KANIA D R, LANDSTRASS M I, PLANO M A, et al. Diamond radiation detectors [J]. Diamond and Related Materials, 1993, 2: 1012-1019.

[33] WHITEHEAD A J, AIREY R, BUTTAR C M, et al. CVD diamond for medical dosimetry applications [J]. Nuclear Instruments and Methods in Physics Research Section A, 2001, 460(1): 20-26.

[34] BARTOLI A, CUPPARO I, BALDI A, et al. Dosimetric characterization of a 2D polycrystalline CVD diamond detector [J]. Journal of Instrumentation, 2017, 12(3): C03052.

[35] PRESTOPINO G, SANTONI E, VERONA C, et al. Diamond Based Schottky Photodiode for Radiation Therapy In Vivo Dosimetry [J]. Materials Science Forum, 2016, 879: 95-100.

[36] BÄNI L, ALEXOPOULOS A, ARTUSO M, et al. Diamond detectors for high energy physics experiments [J]. Journal of Instrumentation, 2018, 13(1): C01029.

[37] KAMPFER S, CHO N, COMBS S E, et al. Dosimetric characterization of a single crystal diamond detector in X-ray beams for preclinical research [J]. Zeitschrift Fur Medizinische Physik, 2018, 28(4): 303-309.

[38] KANXHERI K, AISA D, SOLESTIZI L A, et al. Intercalibration of a polycrystalline 3D diamond detector for small field dosimetry [J]. Nuclear Instruments and Methods in Physics Research Section A, 2020, 958: 162730.

[39] VERONA C, MAGRINB G, SOLEVI P, et al. Toward the use of single crystal diamond based detector for ion-beam therapy microdosimetry [J]. Radiation Measurements, 2018, 110: 25-31.

[40] ZAHRADNIK I A, POMORSKI M T, MARZI L D, et al. scCVD diamond membrane based microdosimeter for hadron therapy [J]. Physica Status Solidi (A), 2018, 215(22): 1800383.

[41] ZAHRADNIK I A, BARBERET P, TROMSON D, et al. A diamond guard ring microdosimeter for ion beam therapy [J]. Review of Scientific Instruments, 2020, 91(5): 54102.

[42] DAVIS J A, GANESAN K, ALVES A D C, et al. Characterization of a Novel Dia-

mond-Based Microdosimeter Prototype for Radioprotection Applications in Space Environments [J]. IEEE Transactions on Nuclear Science, 2012, 59(6): 3110-3116.

[43] DAVIS J A, GANESAN K, ALVES A D C, et al. Characterization of an Alternative Diamond Based Microdosimeter Prototype [J]. IEEE Transactions on Nuclear Science, 2014, 61(6): 3479-3484.

[44] DAVIS J A, GANESAN K, PROKOPOVICH D A, et al. A 3D lateral electrode structure for diamond based microdosimetry [J]. Applied Physics Letters, 2017, 110 (1): 013503.

[45] DAVIS J A, PETASECCA M, GUATELLI S, et al. Evolution of Diamond based Microdosimetry [J]. Journal of Physics: Conference Series, 2019, 1154(1): 012007.

[46] 李一村, 郝晓斌, 代兵, 等. 基于等离子体诊断的MPCVD单晶金刚石生长优化设计[J]. 无机材料学报, 2023, 38(12): 1405-1412.

[47] 胡婷婷, 牟恋希, 王鹏, 等. 高纯低位错密度单晶金刚石的制备与表征[J]. 人工晶体学报, 2023, 52(11): 1931-1938.

[48] 刘金龙, 李成明, 朱肖华, 等. 探测器级单晶金刚石材料的生长[J]. 人工晶体学报, 2019, 48(11): 1990-1991.

[49] 任欢, 张志宏, 夏晓彬, 等. 金刚石中子探测器结构的模拟研究[J]. 核技术, 2023, 46(7): 63-70.

[50] 刘群, 姜兴东, 李海霞, 等. 高性能金刚石辐射探测器的研制与测试[J]. 兰州大学学报(自然科学版), 2023, 59(5): 689-693+710.

[51] 薛锦龙. 金刚石辐射探测器的研究与优化[D]. 太原: 中北大学, 2022.

[52] 余松科, 汪栋, 肖菊兰. 傅里叶变换在微剂量探测器组织等效换算中的应用 [J]. 辐射研究与辐射工艺学报, 2024, 42(4): 135-140.

[53] 许平. CVD金刚石膜辐射探测器的研制与性能研究[D]. 衡阳: 南华大学, 2020.

[54] 侯青峰. 金刚石α、γ粒子辐射探测器关键技术研究[D]. 太原: 中北大学, 2023.

[55] 刘志强, 刘良成, 刘冬梅, 等. 金刚石探测器低噪声前置放大器设计[J]. 核电子学与探测技术, 2020, 40(6): 990-994.

[56] KOWALSKI T Z. Gas gain in low pressure proportional counters filled with TEG mixtures [J]. Radiation Measurements, 2018, 108: 1-19.

[57] MAZED D. Experimental gas amplification study in boron-lined proportional counters for neutron detection [J]. Radiation Measurements, 2007. 42(2):245-250.

[58] BRADLEY P D, ROSENFELD A B. Tissue equivalence correction for silicon microdosimetry detectors in boron neutron capture therapy [J]. Medical Physics, 1998, 25(11):2220-2225.

[59] GUATELLI S, REINHARD M I, MASCIALINO B, et al. Tissue Equivalence Correction in Silicon Microdosimetry for Protons Characteristic of the LEO Space Environment [J]. IEEE Transactions on Nuclear Science, 2008, 55(6):3407-3413.

[60] CRUZ G A S. Microdosimetry: principles and applications [J]. Reports of Practical Oncology and Radiotherapy, 2016, 21(2), 135-139.

[61] BOOZ J, BRABY L, COYNE J, et al. Microdosimetry [R]. International Commission of Radiation Units and Measurements, Bethesda, MD, 1983.

[62] SELTZER M S, Bartlett T D, Burns T D, et al. Fundamental quantities and units for ionizing radiation [R]. Journal of the ICRU, 2011, 11 (1):1-30.

[63] ALLISON J, AMAKO K, APOSTOLAKIS J, et al. Geant4 Developments and Applications [J]. IEEE Transactions on Nuclear Science, 2006, 53 (1):270-278.

[64] ROSENFELD A B, WROE A J, CORNELIUS I M, et al. Analysis of inelastic interactions for therapeutic proton beams using Monte Carlo simulation [J]. IEEE Transactions on Nuclear Science, 2004, 51(6):3019-3025.

[65] ROSENFELD A B, WROE A, CAROLAN M, et al. Method of Monte Carlo simulation verification in hadron therapy with non-tissue equivalent detectors [J]. Radiation Protection Dosimetry, 2006, 119:487-490.

[66] KOWALSKI Z T. Gas gain limitation in low pressure proportional counters filled with TEG mixtures [J]. Journal of Instrumentation, 2014, 9(12):C12007.

[67] KELLERER A M. Criteria for the equivalence of spherical and cylindrical proportional counters in microdosimetry [J]. Radiation Research, 1981, 86(2):277-286.

[68] 贾文懿, 许祖润, 方方, 等. 核地球物理仪器[M]. 北京:原子能出版社, 1998.

[69] [德]克劳斯·格鲁彭, [俄]鲍里斯·施瓦兹. 粒子探测器 [M]. 朱永生, 盛华义, 译. 北京:中国科学技术出版社, 2015.

[70] SÉGUR P, OLKO P, COLAUTTI P. Numerical modelling of tissue-equivalent proportional counters [J]. Radiation Protection Dosimetry, 1995, 61(4): 323-350.

[71] CHEN G, XIN Y, ZHAO S, et al. Study of the Relationship between Townsend Coefficient and the Gas Amplification in Boron-Lined Proportional counters (BLPCs) [J]. Nuclear Science and Technology, 2014, 2: 59-66.

[72] SÉGUR P, PÉRÈS I, BOEUF J P, et al. Modelling of the electron and ion kinetics in cylindrical proportional counters [J]. Radiation Protection Dosimetry, 1990, (1-4): 107-118.

[73] MITEV K, SÉGUR P, ALKAA A, et al. Study of non-equilibrium electron avalanches, application to proportional counters [J]. Nuclear Instruments and Methods in Physics Research Section A, 2005, 538(1): 672-685.

[74] DATE H, KONDO K, SHIMOZUMA M, et al. Electron kinetics in proportional counters [J]. Nuclear Instruments and Methods in Physics Research Section A, 2000, 451(3): 588-595.

[75] TREIBER M, KESTING A. Continuity equation. In: Traffic Flow Dynamics [M]. Berlin, Heidelberg: Springer, 2013.

[76] YU S, FANG F, TANG L, et al. Study of particle transport and gas amplification mechanism in proportional counters [J]. Applied Radiation and Isotopes, 2021, 170: 109591.

[77] DAVYDOV YU I, OPENSHAW R, SELIVANOV V, et al. Gas gain on single-wire chambers filled with pure isobutene at low pressure[J]. Nuclear Instruments and Methods in Physics Research A, 2005, 545: 194-198.

[78] Hendricks R W. Space charge effects in proportional counters [J]. Review of Scientific Instruments, 1969, 40(9): 1216-1223.

[79] BLUM W, ROLANDI L. The drift of electrons and ions in gases. In: Particle Detection with Drift Chambers [M]. Berlin, Heidelberg: Springer, 2008.

[80] PODGORŠAK E B. Interactions of Charged Particles with Matter. In: Radiation Physics for Medical Physicists [M]. Berlin, Heidelberg: Springer, 2010.

[81] BERGER M J, COURSEY J S, ZUCKER M A, et al. NIST Standard Reference Database 124 [EB/OL]. [2017-07-01]. http://www.nist.gov/.

[82] MANFREDOTTI C, GIUDICE L A, RICCIARDI C, et al. CVD diamond microdo-simeters [J]. Nuclear Instruments and Methods in Physics Research Section A, 2001,458(1):360-364.

[83] POMORSKI M. Electronic Properties of Single Crystal CVD Diamond and Its Suit-ability for Particle Detection in Hadron Physics Experiments [D]. Riedberg: Johann Wolfgang Goethe University,2008.

[84] ISBERG J, HAMMERSBERG J, BERNHOFF H, et al. Charge collection distance measurements in single and polycrystalline CVD diamond [J]. Diamond and Relat-ed Materials,2004,13(4-8):872-875.

[85] PERNEGGER H. High mobility diamonds and particle detectors [J]. Physica Status Solidi (a),2006,203(13):3299-3314.

[86] NAKHOSTIN M. Charged particle response of transmission diamond detectors [J]. Nuclear Instruments and Methods in Physics Research A,2013,703:199-203.

[87] RAMO S. Currents Induced by Electron Motion [J]. Proceedings of the IEEE,1939, 27(9):584-585.

[88] 张玉明,郭辉,张金凤,等. 宽禁带半导体核辐射探测器[M]. 西安:西安电子科技大学出版社,2022.

[89] CANALI C, MAJNI R, MINDER R, et al. Electron and hole drift velocity measure-ments in silicon and their empirical relation to electric field and temperature[J]. IEEE Transactions on Electron Devices,1975,22(11):1045-1047.

[90] ISBERG J, HAMMERSBERG J, JOHANSSON E, et al. High Carrier Mobility in Single-Crystal Plasma-Deposited Diamond[J]. Science, 2002, 297(5587): 1670-1672.

[91] NAVA F, CANALI C, JACOBONI C, et al. Electron effective masses and lattice scattering in natural diamond[J]. Solid State Communications, 1980, 33(4): 475-477.

[92] REGGIANI L, BOSI S, CANALI C, et al. Hole-drift velocity in natural diamond[J]. Physical Review B,1981,23(6):3050-3057.

[93] YU S, WANG D, ZHONG X, et al. A theoretical comparison of silicon and diamond in microdosimetry [J]. Journal of Instrumentation,2023,18(1):P01032.

[94] KELLERER A M. Fundamentals of microdosimetry, in Dosimetry of Ionizing Radiation [M]. Cambridge: Academic Press, 1985.

[95] SIGMUND P. Particle Penetration and Radiation Effects[M]. Berlin: Springer, 2006.

[96] PRESS W H, TEUKOLSKY S A, VETTERLING W T, et al. In: Numerical Recipes, The art of scientific computing[M].3rd Edition. Cambridge: Cambridge University Press, 2007.

[97] BIMBOT R, GEISSEL H, PAUL H, et al. Stopping of ions heavier than helium [R]. Journal of the ICRU, 2005, 5: 1-253.

[98] ANDERSEN H H, ZIEGLER J F. Hydrogen stopping powers and ranges in all elements [M]. New York: Pergamon Press, 1977.

[99] BERGER M J, INOKUTI M, ANDERSEN H H, et al. Stopping Powers and Ranges for Protons and Alpha Particles [R]. International Commission on Radiation Units and Measurements, Bethesda, MD, 1993.

[100] BIERSACK J P, FINK D. Channeling, blocking, and range measurements using thermal neutron induced reactions Channeling, In: Atomic Collisions in Solids [M]. Boston: Springer, MA, 1975.

[101] GLAZOV L. Energy-loss spectra of swift ions [J]. Nuclear Instruments and Methods in Physics Research Section B, 2000, 161(4): 1-8.

[102] GLAZOV L G. Energy-loss spectra of swift ions: Beyond the Landau approximation [J]. Nuclear Instruments and Methods in Physics Research Section B, 2002, 192(3): 239-248.

[103] PODGORŠAK E B. Interaction of Charged Particles with Matter. In: Compendium to Radiation Physics for Medical Physicists [M]. Berlin, Heidelberg: Springer, 2014.

[104] ALLISON J, AMAKO K, APOSTOLAKIS J, et al. Recent developments in GEANT4 [J]. Nuclear Instruments and Methods in Physics Research Section A, 2016, 835: 186-225.

[105] YU S, FAN W, TANG L, et al. A method for converting microdosimetric spectra in diamond to tissue in proton therapy [J]. Medical physics, 2022, 49(7): 4743-4754.

[106] SUREKA C S, ARMPILIA C. Radiation Biology for Medical Physicists [M]. Boca Raton: CRC Press, 2017.

[107] PFEIFFER D, KEUKELEERE L D, AZEVEDO C, et al. Interfacing Geant4, Garfield++ and Degrad for the simulation of gaseous detectors [J]. Nuclear Instruments and Methods in Physics Research Section A, 2019, 935: 121-134.

[108] MAJUMDAR N, MUKHOPADHYAY S. Simulation of three-dimensional electrostatic field configuration in wire chambers: a novel approach [J]. Nuclear Instruments and Methods in Physics Research Section A. 2006, 566(2): 489-494.

[109] BIAGI S F. Monte Carlo simulation of electron drift and diffusion in counting gases under the influence of electric and magnetic fields [J]. Nuclear Instruments and Methods in Physics Research Section A, 1999, 421: 234-240.

[110] SMIRNOV I B. Modeling of ionization produced by fast charged particles in gases [J]. Nuclear Instruments and Methods in Physics Research Section A, 2005, 554: 474-493.

[111] ZIEGLER J F, BIERSACK J, LITTMARK U. The Stopping and Range of Ions in Matter [M]. New York: Pergamon Press, 1985.

[112] FERRY D K. High-field transport in wide-band-gap semiconductors [J]. Physical Review B, 1975, 12(6): 2361-2369.

[113] JIN Z, QIAO L, LIU C, et al. Inter valley phonon scattering mechanism in strained Si/(101)Si1−xGex [J]. Journal of Semiconductors, 2013, 34(7): 072002.

[114] FISCHETTI M V, LAUX S E. Band structure, deformation potentials, and carrier mobility in strained Si, Ge, and SiGe alloys [J]. Journal of Applied Physics, 1996, 80(4): 2234-2252.

[115] NAVA F, CANALI C, JACOBONI L, et al. Electron effective masses and lattice scattering in natural diamond [J]. Solid State Communications, 1980, 33(4): 475-477.

[116] REGGIANI L, BOSI S, CANALI C, et al. Hole-drift velocity in natural diamond [J]. Physical Review B, 1981, 23(6): 3050-3057.

附　录

附录A　水与骨骼材料的相关参数

水与骨骼的基本参数、水的组成成分、骨骼的组成成分分别见表附A-1、表附A-2、表附A-3所列。

表附A-1　水与骨骼的基本参数

组织材料	水	骨骼
密度（g/cm³）	1	1.85
平均电离/激发能（eV）	78	106.4

表附A-2　水的组成成分

元素	质量百分比
氢	0.111 894
氧	0.888 106

表附A-3　骨骼的组成成分

元素	质量百分比
氢	0.047 234
碳	0.144 330
氮	0.041 990
氧	0.446 096
镁	0.002 200
磷	0.104 970
硫	0.003 150
钙	0.209 930
锌	0.000 100

附录B　艾里函数

B.1　艾里函数

艾里函数是微分方程:

$$y'' - xy = 0 \qquad (\text{B-1})$$

的两个线性无关解，分别记为 $\mathrm{Ai}(x)$ 和 $\mathrm{Bi}(x)$，如图附B-1所示。

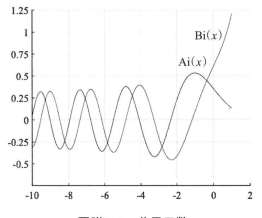

图附B-1　艾里函数

艾里函数可以用反常积分定义为

$$\mathrm{Ai}(x) = \frac{1}{\pi} \int_0^\infty \cos\left(\frac{t^3}{3} + xt\right) \mathrm{d}t \qquad (\text{B-2})$$

$$\mathrm{Bi}(x) = \frac{1}{\pi} \int_0^\infty \left[\exp\left(-\frac{t^3}{3} + xt\right) + \sin\left(\frac{t^3}{3} + xt\right)\right] \mathrm{d}t \qquad (\text{B-3})$$

它们有如下性质:

$$\mathrm{Ai}(0) = \frac{1}{3^{2/3}\Gamma(2/3)} \approx 0.355 \qquad (\text{B-4})$$

$$\mathrm{Bi}(0) = \frac{1}{3^{1/6}\,\Gamma(2/3)} \approx 0.615 \tag{B-5}$$

式中，Γ 是伽马（Gamma）函数。

艾里函数可以由贝塞尔函数来表示：

对 $x > 0$，有

$$\mathrm{Ai}(x) = \frac{1}{\pi}\sqrt{\frac{x}{3}}\,\mathrm{K}_{1/3}\!\left(\frac{2}{3}x^{3/2}\right) \tag{B-6}$$

$$\mathrm{Bi}(x) = \sqrt{\frac{x}{3}}\left[\mathrm{I}_{1/3}\!\left(\frac{2}{3}x^{3/2}\right) + \mathrm{I}_{-1/3}\!\left(\frac{2}{3}x^{3/2}\right)\right] \tag{B-7}$$

式中，K 和 I 分别为第一类、第二类修正贝塞尔函数。

对 $x < 0$，有

$$\mathrm{Ai}(x) = \sqrt{\frac{|x|}{9}}\left[\mathrm{J}_{1/3}\!\left(\frac{2}{3}|x|^{3/2}\right) + \mathrm{J}_{-1/3}\!\left(\frac{2}{3}|x|^{3/2}\right)\right] \tag{B-8}$$

$$\mathrm{Bi}(x) = \sqrt{\frac{|x|}{3}}\left[\mathrm{J}_{-1/3}\!\left(\frac{2}{3}|x|^{3/2}\right) - \mathrm{J}_{1/3}\!\left(\frac{2}{3}|x|^{3/2}\right)\right] \tag{B-9}$$

式中，J 为第一类贝塞尔函数。

B.2　Γ函数

由积分

$$\Gamma(z) = \int_0^\infty \mathrm{e}^{-t}t^{z-1}\mathrm{d}t \tag{B-10}$$

定义的函数称为 Γ 函数，该函数 $\Gamma(z)$ 在 $\mathrm{Re}(z) > 0$ 是解析的。

对 Γ 函数进行分部积分，可得出

$$\Gamma(z) = (z-1)\Gamma(z-1) \tag{B-11}$$

令 $z = 1$，可知：

$$\Gamma(1) = \int_0^\infty \mathrm{e}^{-t}\mathrm{d}t = -\mathrm{e}^{-t}\Big|_0^\infty = 1 \tag{B-12}$$

结合（B-11），有当 $z \in \mathbf{Z}_+$ 时，存在：

$$\Gamma(z) = (z-1)(z-2)\cdots 2 \times 1 \qquad (B\text{-}13)$$

于是，得出Γ函数：

$$\Gamma(z) = (z-1)! \qquad (B\text{-}14)$$

B.3　贝塞尔函数

贝塞尔函数也被称为"柱谐函数""圆柱函数"或"圆柱谐波"，在采用分离变量法求解柱坐标中的拉普拉斯方程时得到

$$x^2 y'' + xy' + (x^2 - l^2)y = 0 \qquad (B\text{-}15)$$

式中，l叫作阶数，一般来说可以是任意实数，但半整数和整数较为常见。

两个线性无关的解分别被称为第一类贝塞尔函数$J_l(x)$和第二类贝塞尔函数$Y_l(x)$，$J_l(x)$与$Y_l(x)$如图附B-2所示。

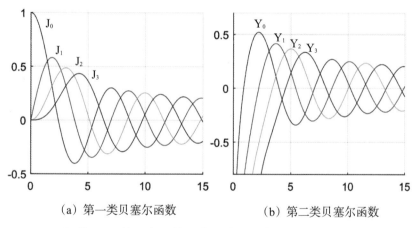

（a）第一类贝塞尔函数　　　　（b）第二类贝塞尔函数

图附B-2　第一类和第二类贝塞尔函数（非负整数阶）

这里只讨论$x > 0$且l为整数或半整数的情况。

$J_l(x)$的级数形式为

$$J_l(x) = \sum_{m=0}^{\infty} \frac{(-1)^m}{m!\,\Gamma(m+l+1)} \left(\frac{x}{2}\right)^{2m+l} \qquad (B\text{-}16)$$

式中使用了Γ函数。

$Y_l(x)$可以通过$J_l(x)$来定义：

$$Y_l(x) = \frac{J_l(x)\cos(l\pi) - J_{-l}(x)}{\sin(l\pi)} \tag{B-17}$$

贝塞尔方程的两个线性无关解也可以用第一类和第二类汉开尔函数来表示：

$$H_l^{(1)}(x) = J_l(x) + iY_l(x) \tag{B-18}$$

$$H_l^{(2)}(x) = J_l(x) - iY_l(x) \tag{B-19}$$

B.4 修正贝塞尔函数

修正贝塞尔函数是修正贝塞尔方程：

$$x^2\frac{d^2y}{dx^2} + x\frac{dy}{dx} - (x^2 + l^2)y = 0 \tag{B-20}$$

的两个线性无关解。第一类为$I_l(x)$，第二类为$K_l(x)$，与贝塞尔函数的关系为

$$I_l(x) = i^{-l}J_l(ix) \tag{B-21}$$

$$K_l(x) = \frac{\pi}{2}i^{l+1}H_l^{(1)}(ix) \tag{B-22}$$